ENCYCLOPÉDIE

POPULAIRE,

OU

LES SCIENCES, LES ARTS

ET LES MÉTIERS

MIS A LA PORTÉE DE TOUTES LES CLASSES.

L'instruction mène à la fortune
et conduit au bonheur.

PARIS. — IMPRIMERIE DE FAIN,
Rue Racine, n°. 4, Place de l'Odéon.

ART
DE LA TEINTURE,

DE LA
SOIE, DU COTON, DU LIN

ET DES TOILES IMPRIMÉES.

PAR E. MARTIN,

ANCIEN PROFESSEUR DE SCIENCES PHYSIQUES ET
MATHÉMATIQUES,

DIRECTEUR DE TEINTURE A LOUVIERS ET A ELBEUF.

PARIS.

AUDOT, LIBRAIRE-ÉDITEUR
RUE DES MAÇONS-SORBONNE, N°. 11.

1828.

ART

DE LA TEINTURE

DE LA

SOIE, DU COTON, DU LIN

ET DES TOILES IMPRIMÉES.

TEINTURE DE LA SOIE.

Dégommage, cuite et blanchiment de la soie.

La soie est le produit d'une chenille particulière qui ne vit que sur le mûrier, et qui, au moment de se transformer en nymphe, s'enveloppe d'un fil délié, blanc ou jaune, enroulé sur lui-même en forme de coque, et dont la longueur est d'environ mille pieds. Le fil jaune est recouvert d'un enduit gommeux qui fait à peu près le quart de son poids, et qui se compose d'une matière grasse analogue à la cire, d'une matière colorante, et d'une matière huileuse odorante. Quant au fil blanc, il ne paraît différer du jaune, qu'en ce qu'il contient un peu moins de gomme, et qu'il ne s'y rencontre pas de matière colorante. Mais quelle que soit la couleur naturelle de la soie, on ne la soumet d'ordinaire aux opérations de la teinture, qu'après l'avoir dépouillée de son enduit gommeux, par une opération que l'on nomme *cuite* ou *décreusage*, et qui se pratique d'une manière différente, selon que l'on destine la soie à être teinte en couleur foncée ou en couleur claire.

Lorsque l'on se propose de teindre la soie en couleur foncée, on la divise en matteaux d'une livre, que l'on passe dans des ficelles, et que l'on introduit avec précaution dans des sacs de toile dont on recout l'ouverture; alors, si l'on a cent matteaux, par exemple, on porte les sacs dans une chaudière qui contient environ trente-cinq seaux, et que l'on entretient toujours pleine, et on les fait bouillir pendant quatre heures, avec vingt à vingt-cinq livres de savon blanc, en ayant soin de les remuer de temps à autre pour les empêcher de s'attacher à la chaudière, ce qui ferait un grand tort à la soie. Cette longue ébullition, appelée *cuite* ou *rebouillage*, étant terminée, on ouvre les sacs, on égoutte et on tord les matteaux, et on les bat ensuite à la rivière avec précaution, de manière à ce qu'ils soient complétement purgés de savon. S'il y en avait qui conservassent encore des traces de leur matière gommeuse, ou en terme de teinturier, du *biscuit*, ce qui pourrait être occasioné soit par une mauvaise manœuvre, soit par défaut de savon, ou par suite d'une ébullition interrompue, on les introduirait de nouveau dans le bain, où on les laisserait bouillir plus ou moins long-temps, jusqu'à ce que toute la matière gommeuse eût disparu.

Lorsque la soie est destinée à des couleurs claires, on passe les matteaux dans des bâtons, et avant de les cuire, on les travaille pour les *dégommer*, dans une chaudière, avec trente pour cent de savon, à une température très-élevée, mais que l'on évite de porter à l'ébullition. Au sortir de là, on les égoutte, on les tord, et on les introduit dans des sacs pour leur faire subir l'opération de la cuite, telle que nous l'avons déjà mentionnée. Le dégommage et la cuite suffisent pour donner à la soie toute la blancheur que requièrent les opérations de teinture les plus délicates ; mais lorsque l'on n'a pas dessein de la teindre, on lui communique ordinairement un blanc plus parfait, en la travaillant à une température élevée, mais au-dessous de l'ébullition, dans une légère dissolution de savon blanc, à laquelle on a ajouté plus ou moins d'azur, c'est-à-dire, d'indigo porphyrisé. Si le blanc devait avoir un œil rougeâtre, on substituerait un peu de bois de roucou à l'azur. Quelquefois l'addition du bleu se communique lors du dégommage ou de la cuite ; et lorsque la soie se trouve en avoir trop pris durant ces opérations, on la travaille dans un nouveau bain de savon très-léger, jusqu'à ce qu'elle ait perdu son bleu excédant.

La soie qui ne doit pas être mise en teinture n'est pas lavée après ces opérations, mais exposée pendant douze heures environ, aux vapeurs du soufre en combustion, dans une chambre fermée. On emploie deux parties de soufre contre cent de soie. Au sortir de là, la soie est séchée, et si elle n'a pas assez de bleu, on la passe dans un bain d'eau froide avec un peu de dissolution sulfurique d'indigo.

La soie destinée à la bonneterie n'est jamais passée au soufre, parce que l'acide sulfureux attaquerait les métiers. On la blanchit en la travaillant, au sortir de la cuite, dans une dissolution de savon où l'on a mis un peu de bleu. Après cela, on la tord vivement et on la sèche sans la laver. Si l'on voulait donner à cette soie une teinte grisâtre, on la passerait sur de l'eau qui aurait servi à dégorger des noirs au sortir de la chaudière, et l'on obtiendrait ainsi des teintes grises plus ou moins foncées. La soie lavée et séchée serait propre à être employée sans autre apprêt.

Lorsque les étoffes de soie doivent conserver un maniement ferme, la soie ne doit être ni cuite ni dégommée, mais seulement tordue en eau tiède, soufrée, passée à l'azur, et ensuite soufrée de nouveau. Après cela on peut la mettre en teinture, et le soufrage ne l'empêche pas de recevoir les couleurs qu'on veut lui donner. Nous observerons que pour cette fabrication, il faut choisir des soies naturellement assez blanches. Si elles étaient très-jaunes, on leur ferait subir le dégommage et la cuite, mais on les laverait avant de les soufrer. Le lavage en eau froide leur ferait reprendre une partie de leur fermeté.

Nous avons vu que, pour les couleurs foncées ou ternes, on se contentait de cuire la soie pendant trois ou quatre heures avec le quart ou le cinquième de son poids de savon blanc. Quelques teinturiers ne font pas subir d'autre opération à la soie pour toutes les couleurs ; seulement ils augmentent la proportion du savon, et la portent à trente pour cent. M. Roard pense même que l'on peut éviter l'inconvénient de la longue ébullition que nous avons prescrite, en introduisant les soies dans la chaudière une demi-heure avant qu'elle en soit au bouillon. Selon lui, en prenant cette précaution, on n'a besoin de maintenir l'ébullition que pendant une heure ; du reste on proportionne la quantité du savon selon les nuances que l'on se propose d'obtenir.

Alunage de la soie.

L'alunage étant une opération générale qui doit précéder l'application de la plupart des couleurs, nous croyons devoir en parler en quelques mots, avant de traiter de chaque teinture en particulier. On le pratique en plongeant les soies à froid pendant plusieurs heures, dans une forte dissolution d'alun, qui est contenue dans une sorte de tonne que l'on appelle la *tonne aux aluns.* Cette dissolution se prépare en saturant de l'eau bouillante avec de l'alun bien pur, et en versant ensuite cette eau dans la tonne qui contient déjà une certaine quantité d'eau froide. Pendant que cette addition se fait, on a soin de bien agiter le mélange afin d'empêcher l'alun de cristalliser. Cinquante livres d'alun dans une tonne de cinquante à soixante seaux suffisent pour aluner environ cent cinquante livres de soie ; mais, après cela, il faut ajouter de nouvel alun, et recommencer à en ajouter de nouveau toutes les fois que l'on s'aperçoit que le bain s'affaiblit, ce que l'on reconnaît à sa saveur qui devient moins âpre. Du reste, on continue d'aluner sur le même bain, jusqu'à ce qu'il prenne une mauvaise odeur par la vétusté. L'alunage des soies se fait constamment à froid, parce que l'on s'est aperçu que l'alun, à une température élevée, leur ferait perdre une grande partie de leur lustre. Si on les plongeait dans un bain d'alun trop fort, et qu'on s'aperçût qu'elles retinssent quelques parties de cristallisées, il faudrait les passer dans de l'eau tiède afin de leur enlever l'alun excédant. Du reste, les soies doivent être constamment lavées après l'alunage.

TEINTURE DE LA SOIE EN BLEU.

Teinture en bleu d'indigo.

Pour teindre la soie en bleu, on se sert de cuves plus petites que celles que nous avons décrites pour la teinture des laines, mais que l'on monte de la même manière et avec les mêmes ingrédiens. Ces cuves exigeant pour leur conduite les mêmes soins et présentant les mêmes signes, nous ne répéterons pas ce que nous avons déjà dit, et nous nous contenterons d'observer qu'il n'y a guère que celles où la potasse sert de dissolvant qui soient propres à teindre la soie. Cette teinture requiert une assez grande adresse dans la manœuvre, sans quoi les matteaux prendraient inégalement la couleur bleue et sortiraient tachés de la cuve. Aussi l'ouvrier doit-il les liser avec soin dans la cuve sans leur laisser prendre l'air, les laver ensuite, les tordre vivement, les éventer, et les plonger de nouveau en les lisant, jusqu'à ce qu'ils aient atteint la nuance que l'on désire. Alors on les relève pour la dernière fois, on les tord encore, et on les replonge aussitôt dans un baquet d'eau où on les lave et où ils se déverdissent durant le lavage. Il est à remarquer que leur nuance se trouve plus vive et plus égale que si on les avait déverdis dans l'air. Lorsqu'ils sont lavés, on les tord à sec, et on achève de les faire sécher en très-peu de temps ; un retard quelconque à cet égard ferait beaucoup de tort à la couleur.

Lorsque l'on se propose de donner à la soie une nuance de bleu foncé, il devient nécessaire de lui donner un pied d'orseille, parce que cette substance abandonne de l'oxigène à l'indigo et facilite sa combinaison. Nous verrons plus bas comment on doit s'y prendre pour donner ce pied d'orseille.

La teinture de la soie en bleu demande des cuves dont le produit soit très-vif; mais comme les cuves à la potasse ou à la cendre gravelée sont assez difficiles à entretenir en bon état pendant plusieurs jours, lorsque le vase est petit, on peut les remplacer par d'autres cuves où le même alcali sert de dissolvant, à la vérité, mais où l'on emploie le sulfure d'arsenic, comme matière désoxigénante, en place de garance et de son. A cet effet, on broie une certaine quantité de sulfure d'arsenic ou orpiment, et on l'introduit dans un chaudron avec une partie d'indigo, une de potasse, deux de chaux et trente à quarante parties d'eau : on fait bouillir le tout, et, quand on veut teindre la soie, on verse une partie de ce mélange dans un baquet ou une cuve contenant une légère dissolution de potasse un peu chaude. Cette préparation peut servir à teindre sur-le-champ ; et, lorsqu'elle a noirci par suite de la réoxidation de l'indigo, on peut lui rendre ses qualités en la faisant chauffer de nouveau et y ajoutant une petite quantité d'orpiment et de chaux.

Teinture en bleu remonté.

Comme la soie ne peut prendre que très-difficilement une nuance foncée dans les cuves d'indigo, quelques teinturiers sont dans l'usage de lui donner, au sortir de la cuve, un peu de bois d'inde et de vert de gris, et de la porter de cette manière à la teinte qu'ils désirent obtenir ; mais ce bleu a l'inconvénient de se ternir à l'air, et il ne peut être comparé à celui qu'on obtient en donnant à la soie un pied d'orseille avant que de la passer en cuve.

Teinture en bleu de Saxe.

Le bleu que l'on communique à la soie au moyen de la dissolution sulfurique de l'indigo, est très-fugace et d'une mauvaise teinte ; l'eau chaude seule le fait disparaître, et l'addition de l'alun ne lui communique aucune bonne qualité. On l'obtient du reste en travaillant la soie dans de l'eau froide chargée de dissolution d'indigo.

Teinture en bleu de bois d'inde.

Le bleu *petit teint* que l'on communique à la soie avec le bois d'inde, peut s'obtenir en employant l'acétate de cuivre ou le sulfate de même métal ; mais ce dernier sel est préféré ordinairement, parce qu'il donne des couleurs plus assurées, et qu'il s'allie mieux avec l'alun, qu'il est quelquefois à propos d'ajouter au bain. Les bleus de bois d'inde doivent être faits à froid, et la soie que l'on destine à cette teinture, doit être passée durant un quart d'heure dans une dissolution froide de sel de cuivre, où ce sel est employé au trente-deuxième du poids de la soie. Lorsque la soie a été retirée de cette dissolution, on y ajoute des quantités variables de bain de bois d'inde, on fait exactement le mélange, et l'on y travaille ensuite la soie que l'on a eu soin de ne pas tordre. Cette teinture demande une manipulation très-longue, et il ne faut pas moins de six heures pour que la soie puisse prendre une nuance de bleu foncé. Dans tous les cas, on la lise bien dans le bain, et on la relève de temps en temps, pour ajouter du bain de bois d'inde, lorsque l'on juge que la quantité que l'on a déjà employée n'est pas suffisante.

Teinture en bleu de Prusse.

On communique facilement à la soie une belle nuance bleue par le bleu de Prusse, en la faisant digérer pendant un quart d'heure dans de l'eau froide, tenant en dissolution un vingtième de son poids d'hydrochlorate de tritoxide de fer, la lavant ensuite, la soumettant pendant une demi-heure à l'action d'une dissolution de savon bouillante, et après l'avoir lavée de nouveau, la plongeant à froid dans une faible dissolution de prussiate alcalin acidulée par un soixantième d'acide sulfurique. Cette dernière immersion lui fait prendre immédiatement une couleur bleue, et il ne reste plus qu'à la retirer au bout d'un quart d'heure, à la laver et à la sécher. Les nuances que l'on obtient de cette manière sont très-vives, mais elles sont altérables par les alcalis; elles ont encore le défaut de devenir verdâtres au soleil ; mais cette teinte qui provient sans doute d'un changement dans l'état d'oxidation du métal, ne tarde pas à se dissiper dans l'obscurité.

TEINTURE DE LA SOIE EN ROUGE.

Rouges de cochenille.

Pour teindre la soie en cramoisi par la cochenille, ce qu'on appelle cramoisi fin, on lui donne un fort alunage, et après l'avoir bien lavée et battue à la rivière, et l'avoir lisée à chaud dans la chaudière où l'on doit la teindre, on introduit dans cette chaudière deux onces de cochenille et une once de noix de galle en poudre, par livre de soie; ensuite, après avoir fait bouillir ces substances pendant un moment, on rafraîchit le bain par l'addition d'une grande quantité d'eau froide, et l'on y travaille la soie sans bouillir pendant

une heure environ. A ce terme, on élève
successivement la chaleur du bain, et quand
il est parvenu à l'ébullition, on l'y maintient pendant une heure. La soie doit avoir
pris alors une nuance de cramoisi pleine et
foncée ; mais si l'on voulait lui communiquer un œil un peu jaunâtre, on y par-
viendrait en ajoutant au bain de teinture
une petite quantité de dissolution d'étain.
Quelques teinturiers emploient constamment de la dissolution d'étain et un peu
de tartre, mais alors ils augmentent un
peu la dose de la cochenille ; ils emploient
aussi la noix de galle blanche de préférence à la noire, toutes les fois qu'ils ne
se proposent pas de brunir. Quant à leur
dissolution d'étain, ils y font entrer deux
fois plus de ce métal que dans la dissolution d'étain ordinaire. On brunit les cramoisis de cochenille sur soie, en les passant dans une légère dissolution de couperose, à laquelle on ajoute quelquefois un
peu de décoction de fustet.

Jusqu'ici l'on n'a réussi qu'imparfaite-
ment à teindre la soie en écarlate au moyen
de la cochenille. Macquer prescrivait pour
cette teinture, de plonger la soie préalablement piétée en roucou, dans une dissolution d'étain, préparée avec trois parties

de métal, quatre d'acide nitrique et deux d'acide hydrochlorique ; de la laisser macérer à froid dans cette dissolution pendant une demi-heure, de la laver ensuite avec précaution, et de la plonger dans un bain de teinture composé d'un quart de cochenille et d'un seizième de tartre, relativement au poids de la soie. La cochenille et le tartre ne devoient être introduits dans le bain qu'après avoir jeté un bouillon séparément, avec une quantité d'eau suffisante, et le bain ne devait être maintenu pendant long-temps, qu'à la température de cinquante degrés environ ; sur la fin on pouvait activer le feu, mais il fallait retirer la soie après quelques minutes d'ébullition. La soie teinte par ce procédé n'atteignait jamais la nuance de l'écarlate. Scheffer proposait un procédé à peu près semblable ; seulement il ne donnait pas de pied de roucou, et il laissait la soie pendant vingt-quatre heures dans une dissolution d'étain, composée avec quatre parties d'acide nitrique, une de sel marin et une d'étain, à quoi il ajoutait quatre parties d'eau. Au sortir de là, la soie était bien lavée et ensuite plongée pendant un quart d'heure dans un bain bouillant et peu étendu, où la cochenille entrait pour les cinq sixièmes de la soie. Après la teinture, le bain, encore extrêmement riche, pouvait être employé pour d'autres couleurs.

Tous ces procédés sont restés à peu près sans application, et il est encore très-difficile de teindre la soie en écarlate de cochenille. Quelques teinturiers commencent par lui donner un fond de cramoisi; après cela ils lui communiquent la couleur du carthame, et ils finissent en lui donnant une teinture jaune à froid. D'autres suivent une autre méthode non moins compliquée, que nous allons également rapporter. Ils commencent par teindre en écarlate très pleine et très-foncée, un tiers de plus de laine qu'ils ne se proposent de teindre de soie. Ensuite ils introduisent cette laine dans une chaudière, avec le quart de son poids de bel alun, et seulement la quantité d'eau nécessaire pour la dégorger : et lorsque la laine a perdu presque toute sa teinture, qu'elle a été retirée, et que le bain s'est suffisamment refroidi, ils introduisent la soie dans la chaudière, et ils l'y travaillent jusqu'à ce qu'elle ait enlevé toute la couleur. Lorsque la teinte ne leur semble pas assez jaune, ils ajoutent un peu de suc de citron ou de curcuma dissous dans l'esprit-de-vin.

Produit de l'orseille.

L'orseille n'est guère employée dans un état d'isolement pour teindre la soie, et on l'associe constamment à d'autres substances, à moins que ce ne soit pour certains lilas, où elle est employée seule. Dans tous les cas, voici comment on en fait usage : on prépare une décoction d'orseille plus ou moins chargée, on en sépare le marc et on passe la soie sur la liqueur claire jusqu'à ce qu'elle ait pris autant de matière colorante que l'on le désire. Si la soie a été préparée avec de la dissolution d'étain, ou si l'on en ajoute dans le bain, la couleur qu'on obtient approche de l'écarlate et acquiert un peu de solidité. C'est le seul mordant qui paraisse produire un bon effet sur l'orseille. Du reste cette substance donne des nuances d'un grand éclat, et, comme elle s'associe facilement avec les autres matières colorantes, les teinturiers en font un fréquent usage. Les soies n'ont pas besoin d'alunage pour recevoir la couleur de l'orseille, il suffit qu'elles soient bien dégorgées de savon.

Rouges de carthame.

Le carthame est employé pour donner à la soie les belles nuances de ponceau, de nacarat, de cerise, de rose, etc. Cette teinture ne présente pas de grande difficulté; mais il faut avoir soin de cuire la soie comme pour le blanc, lorsque les couleurs qu'on veut obtenir sont légères et délicates. Pour procéder à cette teinture, on prend une certaine quantité de la dissolution de la matière colorante du carthame par les alcalis, on y ajoute du suc de citron ou du vinaigre, et lorsque l'alcali est neutralisé, on y travaille la soie qui s'empare de la matière colorante, et que l'on laisse ensuite reposer quelque temps dans le bain avant que de la laver. Ce premier bain suffit ordinairement pour donner à la soie une teinte rose; mais lorsque l'on veut parvenir à une nuance plus nourrie et plus élevée, comme le coquelicot, il faut laver la soie et la travailler dans de nouveaux bains, jusqu'à ce qu'elle ait atteint la nuance que l'on désire. Quelquefois même, pour épargner le carthame, on commence par donner à la soie un pied de roucou : précaution qui est, du reste, toujours nécessaire quand on veut atteindre à la couleur de feu ou ponceau, que le carthame seul ne donnerait pas. La soie qui a passé de la sorte dans plusieurs bains, est lisée ensuite ordinairement dans un bain d'eau chaude acidulée avec un peu de vinaigre ou de suc de citron, et sa couleur acquiert un surcroît de vivacité par ce travail. S'il arrivait que la nuance obtenue se trouvât trop foncée ou mal unie, on remédierait à cet inconvénient en passant la soie dans une dissolution alcaline où elle abandonnerait toute sa couleur; ensuite on neutraliserait l'alcali avec un acide, et l'on redonnerait à la soie une nuance moins foncée ou plus égale. Dans tous les cas, la même matière colorante se trouverait mise à profit.

Lorsque l'on veut obtenir des teintes plus claires, comme les nacarats, cerises, roses, etc., on emploie des dissolutions moins chargées et en moins grand nombre; et même on utilise souvent ce qui reste des bains de ponceau. Dans tous les cas, la manière d'opérer est la même : la matière colorante est toujours dissoute par un alcali, et, pour qu'elle puisse se fixer sur la soie, il faut employer un acide, et en verser même un léger excès dans le bain. L'acide qui produit le meilleur effet, est l'acide citrique ou simplement le suc de citron ; mais, à son défaut, on peut employer le vinaigre ou même l'acide sulfurique versé avec précaution.

Les bains de carthame s'emploient sur-le-champ et à froid. La soie n'a pas besoin d'alunage, et l'on peut même la teindre crue lorsqu'elle est naturellement blanche, et que l'on veut des nuances foncées. Dans cet état elle prend plus facilement la couleur que lorsqu'elle est cuite. Pour les nuances foncées, quelques teinturiers ajoutent un peu de décoction d'orseille au second ou au troisième bain; mais lorsqu'ils désirent au contraire une couleur de chair très-tendre, ils ajoutent un peu de savon au bain de carthame, et cette substance, en éloignant les molécules colorantes, permet d'obtenir les nuances les plus légères. Au sortir des bains de carthame, la soie doit toujours être lavée et quelquefois avivée avec un acide, à froid ou à tiède. Les nuances produites par le carthame sont très-fugaces; mais comme elles ont le plus grand éclat, et qu'on ne peut obtenir autrement les belles nuances roses et couleur de feu, cette substance se trouve d'un grand usage dans la teinture des soies

Rouges de bois de brésil.

Les soies destinées à la teinture en rouge par le brésil, ne demandent pas à être aussi fortement alunées que lorsque l'on veut les teindre en cramoisi de cochenille, et il suffit aussi de les cuire avec vingt pour cent de savon. Du reste, voici comment on opère pour les teindre en cramoisi par le brésil. Après les avoir lavées à la rivière, au sortir de l'alunage, on les travaille à une douce température, dans un baquet d'eau où l'on a mis la quantité de décoction de brésil jugée nécessaire. On sait que cette décoction doit être anciennement préparée, et qu'elle s'améliore en vieillissant pendant un ou deux mois. Lorsque les soies ont pris une nuance suffisamment pleine, on les porte à la rivière et on les lave, et, si on ne trouve pas leur nuance assée rosée, on les passe à froid, après le lavage, dans une eau légèrement alcaline où elles prennent un bel œil cramoisi : au sortir de là, on les lave de nouveau et on les fait sécher. Pour les cramoisis plus foncés, on ajoute du bain de bois d'inde au bain de brésil, après que le rouge est assez monté, et on recommence à les travailler sur ce nouveau bain.

Lorsque l'on veut teindre les soies en coquelicot, écarlate ou ponceau, par le moyen du bois de brésil, on doit leur donner un fort pied de roucou, avant que de les porter dans la tonne aux aluns où elles doivent rester douze heures ; au sortir de là, elles sont d'un rouge extrêmement vif, et on les travaille, après les avoir lavées, dans une eau tiède à laquelle on a ajouté du bain de brésil très-ancien, et d'où on ne les retire que lorsqu'elles ont pris la nuance que l'on désire, à moins que l'on ne s'aperçoive que l'on n'a pas ajouté assez de décoction. Dans tous les cas, lorsque la nuance est parfaite, on les lave à la rivière, on les tord bien également, et on les fait sécher à l'ombre et rapidement, parce que, s'il se formait un dépôt d'eau dans quelque partie, il en résulterait une tache. Quelquefois l'on ajoute un peu d'eau de savon au bain de brésil, parce que l'on s'est aperçu que cette addition contribuait à donner à la couleur plus de douceur et de velouté.

La dissolution d'étain ne produit pas un bon effet avec le bois de brésil ; cependant, lorsqu'on a fait macérer la soie dans ce mordant, et qu'on la travaille dans une forte décoction de bois de brésil à laquelle on a ajouté un peu de bain jaune, on obtient une nuance écarlate qui n'est pas sans vivacité.

TEINTURE DE LA SOIE EN JAUNE.

Jaunes de gaude.

La soie que l'on destine à être teinte en jaune de gaude, doit être cuite à raison de vingt pour cent de savon, alunée et bien lavée après l'alunage. Elle doit être travaillée ensuite dans une décoction de gaude préparée avec deux parties de cette substance contre une de soie. Cette décoction doit avoir été filtrée à travers une toile ou un tamis, et on ne doit y plonger la soie que lorsque la température en est assez basse pour que l'on puisse y tenir la main. On l'obtient en faisant bouillir la gaude pendant un quart d'heure : tandis qu'on l'emploie, on verse de nouvelle eau sur la gaude, et l'on prépare une nouvelle décoction que l'on substitue en partie à la première, lorsque celle-ci a produit tout son effet. On tient ce second bain de teinture un peu plus chaud que le premier, et l'on y ajoute même un peu d'alcali lorsque l'on veut obtenir des nuances plus foncées et plus nourries. Si l'on mêlait un peu de bain de roucou à la la dissolution alcaline, on obtiendrait des jaunes dorés imitant le jonquille. Pour les jaunes clairs, on ne doit ajouter ni alcali, ni roucou, et il faut cuire la soie avec plus de soin que pour les jaunes ordinaires, par exemple, avec trente pour cent de savon, et l'azurer en outre, lorsque l'on veut que la couleur tire un peu au vert : au défaut d'azur, on pourrait ajouter un peu de bleu de cuve dans le bain de jaune. Comme les nuances de jaune clair sont sujettes à se foncer plus que l'on ne veut, et que cela provient ordinairement d'un alunage trop fort, on peut préparer un alunage plus léger pour les soies destinées à cette teinture, ou même se contenter de mettre un peu d'alun dans le bain de gaude. On obtient de cette manière toutes les nuances légères avec beaucoup plus de facilité.

Autres teintures de la soie en jaune.

Aucune substance n'est aussi propre que la gaude à la teinture de la soie en jaune ; cependant on obtient encore des nuances satisfaisantes avec le quercitron. A cet effet on alune la soie comme à l'ordinaire, et on la travaille à la chaleur du sang humain, dans un bain de teinture où l'on a mis une partie de quercitron contre six de soie. Sur la fin de l'opération on ajoute au bain de teinture un peu de craie ou d'alcali pour aviver la couleur.

On peut encore obtenir une couleur jaune sur la soie, en dissolvant de l'orpiment dans de l'ammoniaque concentrée, et en travaillant la soie dans cette dissolution étendue d'eau. La soie n'a pris aucune couleur lorsqu'on la retire; mais à mesure que l'ammoniaque s'évapore, on voit paraître une belle couleur jaune qui résiste assez bien à l'air, mais qui ne résiste pas au savon.

Un mélange de soixante-quatre parties d'alcool avec une partie d'acide nitrique, est également propre à teindre la soie en jaune, et cette teinture résiste assez bien au savon. Enfin, en plongeant la soie alternativement dans de l'acétate de plomb, et dans du chromate neutre de potasse à une douce chaleur, on parvient aussi à lui communiquer différentes nuances de jaune très-solides.

Produit du roucou.

Pour employer le roucou, on l'introduit dans un seau de cuivre percé de trous, avec un poids égal de potasse ; on plonge ce seau dans une chaudière et on délaie à chaud le mélange avec un bâton, jusqu'à ce qu'il ait passé en entier à travers les trous. Alors on fait jeter un bouillon à la chaudière en évitant de laisser monter le bain par dessus les bords, et, quand le roucou est bien dissous, on rafraîchit la dissolution et on y travaille les soies jusqu'à ce qu'elles aient atteint la nuance que l'on désire. On porte même la couleur un peu au dessus de l'échantillon, parce qu'elle s'éclaircit toujours au lavage. Les soies que l'on se propose de teindre en roucou, n'ont pas besoin d'alunage, et l'on peut se dispenser de les laver de leur savon après la cuite, parce que cette substance ne produit pas un mauvais effet dans le bain. Les soies, au sortir du bain de roucou, doivent être tordues, battues et lavées avec soin. Quant à la matière colorante qui reste encore dans le bain, elle peut-être utilisée dans toutes les occasions où l'on a besoin de donner aux soies un pied de roucou.

Le bain lui-même, quoique épuisé, est employé avec succès pour dissoudre de nouvelles quantités de roucou, et l'on n'y ajoute que la moitié de l'alcali qui avait été nécessaire la première fois. Nous observerons que, pour faire une belle couleur orange avec le roucou, il faut une partie de cette pâte contre trois de soie : ce dosage peut servir à se diriger à l'égard des autres nuances. Nous observerons aussi que la couleur orange est rarement assez foncée au sortir du bain, et qu'il est à propos de passer les soies dans une dissolution d'alun, ou dans une eau acidulée par le suc de citron ou le vinaigre ; au sortir de là on les porte à la rivière et on les lave avec soin.

On peut obtenir la couleur aurore en opérant comme nous venons de le dire ; seulement, au lieu de travailler sur le bain même, on peut travailler sur de l'eau chaude à laquelle on ajoute du bain de roucou ; et l'on continue le travail jusqu'à ce qu'on ait atteint la nuance. Les couleurs de roucou doivent être séchées à l'ombre, et on peut les modifier singulièrement, tant en variant la dose de la matière colorante et de l'alcali, qu'en travaillant à des degrés de chaleur différens.

Lorsque l'on se propose de teindre des soies crues, on choisit celles qui sont naturellement blanches, et on les teint à tiède ou même à froid, pour que l'alcali n'attaque pas la matière gommeuse et n'enlève pas à la soie l'élasticité que l'on veut lui conserver.

Nous avons dit que pour les nuances qui tirent sur l'orangé, il était à propos de passer les soies, après la teinture, sur une dissolution d'alun ou une eau acidulée. Cette pratique a pour effet de rendre au roucou sa couleur orange naturelle que l'alcali avait fait tourner au jaune ; et si la couleur ne se trouve pas encore assez foncée après cela, on peut la passer sur un bain de brésil très-léger ou sur un vieux bain de carthame. Enfin on peut obtenir aussi une teinte orange, en faisant usage du roucou seul ; et pour cela il suffit de le dissoudre avec une moindre quantité d'alcali.

COULEURS COMPOSÉES PRODUITES SUR LA SOIE PAR LE MÉLANGE DU ROUGE ET DU BLEU.

Violet fin.

On donne le nom de violet fin au violet que l'on obtient en passant sur cuve un cramoisi de cochenille. Ce cramoisi se fait comme à l'ordinaire; seulement il ne faut ajouter au bain ni tartre, ni dissolution d'étain. Du reste, on proportionne la dose de la cochenille à la nuance qu'on veut obtenir, et d'ordinaire on en met de deux à trois onces par livre de soie. On se rappelle que le bain de cochenille, après avoir jeté un bouillon, doit être refroidi jusqu'au trentième degré environ, avant que l'on y passe la soie qui doit y être lisée avec précaution, jusqu'à ce que la couleur paraisse unie; ce n'est qu'alors que l'on élève la température, et on maintient le bain pendant deux heures à l'ébullition, en continuant le lisage; après quoi, si la couleur n'est pas encore assez montée, on laisse reposer la soie dans la chaudière pendant plusieurs heures. L'opération terminée, on lave et on dégorge la soie avec soin, et on la passe dans une cuve de bleu plus ou moins forte selon la nuance qu'on veut obtenir. Au sortir de la cuve on la tord vivement et on la plonge dans l'eau, précautions qu'il ne faut jamais négliger toutes les fois que l'on a travaillé sur une cuve.

Les violets fins acquièrent un nouveau degré de vivacité lorsqu'on les passe sur un léger bain d'orseille, et cette précaution est même indispensable lorsque l'on ne teint que des violets clairs, qui sans cela manqueraient d'éclat. Le passage en cuve, et encore sur une cuve assez faible, n'est praticable que pour les nuances foncées; on ne doit pas y avoir recours pour les nuances pourpre, giroflée et gris de lin, et il suffit alors de mettre un peu de bain de cuve dans de l'eau froide, et de passer la soie plus ou moins long-temps sur ce mélange. On conçoit que pour les dernières nuances dont nous venons de parler, il faut employer une moins grande quantité de cochenille que pour le violet.

Violet d'orseille.

On peut encore teindre la soie en violet de plusieurs manières; mais celle de ces teintures la plus en usage est celle qui se fait par le moyen de l'orseille. Pour l'obtenir, on fait bouillir pendant quelques minutes dans une chaudière, la quantité d'orseille jugée suffisante, après quoi on ajoute de l'eau froide pour rafraîchir, et l'on commence à liser les soies que l'on a passées comme à l'ordinaire sur des bâtons à liser. Cette manœuvre se fait promptement, et lorsque les soies sont assez montées, on les relève et on les tord légèrement. Si leur nuance n'était pas jugée assez pleine, on ferait bouillir encore le bain pendant un moment, pour enlever une nouvelle quantité de matière colorante à l'orseille, et ensuite lorsque sa température serait abaissée, on recommencerait à y travailler les soies. Cette manœuvre pourrait être répétée plusieurs fois : dans tous les cas, on aurait soin de bien liser les soies durant le travail, et de les laver avec soin lorsqu'elles sont teintes ; après quoi, si on ne leur trouvait pas un œil assez bleu, on les passerait à froid sur une légère dissolution alcaline qui foncerait leur nuance.

Les couleurs qui ont été gâtées en séchant, se ramènent en les repassant sur leur bain que l'on fait chauffer, et en leur donnant un peu d'alcali après le lavage ; on ne lave pas après le bain d'alcali.

Les couleurs moins foncées que le violet, comme le lilas, et les nuances fleur de pêcher et gris de lin, peuvent s'obtenir à la suite du violet sur le même bain ; seulement, lorsque ce bain est trop appauvri, on y ajoute de nouvelle orseille.

Violets de bois d'inde et de bois de brésil.

On fait un violet sur la soie avec le bois d'inde, en la passant dans une dissolution de vert-de-gris, et la travaillant ensuite à froid dans une décoction de bois d'inde où elle prend une couleur bleue que l'on fait tourner au violet par l'addition de l'alun. Cette couleur est très-fugitive, et celle qu'on obtient en alunant la soie avant de la teindre, ne lui est en rien préférable.

Pour les couleurs prune, elles demandent un alunage, après lequel on donne à la soie qui a été lavée de son alun, un fond de brésil avec du bois d'inde par-dessus, et en outre, lorsque la couleur est faite, un peu de roucou, à moins que l'on ne demande un prune violet. Cette teinture nécessite quelques précautions : en conséquence on teint dans la décoction de brésil à la température ordinaire, et lorsque les soies ont pris une nuance convenable, on ajoute de la décoction de campêche. Les soies sont alors lisées de nouveau dans le bain, et on ne les relève, lorsque leur teinture est finie, que pour ajouter au bain un peu d'alcali ou de roucou, selon que l'on veut foncer ou éclaircir la nuance qu'on a obtenue. L'on doit toujours commencer par teindre avec le brésil, parce que, si l'on commençait avec le campêche, la nuance communiquée par ce bois, se vergetterait dans le bain de brésil qui doit toujours être assez chaud.

Violet de bois de brésil et d'orseille.

La soie cuite et alunée doit être passée dans un bain de bois de brésil d'une force proportionnée à la nuance qu'on veut obtenir; après cela elle doit être lavée et passée dans un bain d'orseille ; et si la couleur n'est pas encore assez nourrie, on peut la travailler dans de l'eau froide où l'on a mis une petite quantité de bain de cuve ; après cela on la tord et on la sèche avec précaution.

Autres nuances produites sur la soie par le mélange du rouge et du bleu.

Le bois de brésil avec la dissolution sulfurique de l'indigo neutralisée par un alcali, produit des violets de toute nuance, mais qui n'ont que très-peu de solidité ; on en obtient encore en associant l'orseille avec la même dissolution d'indigo : et ces différentes substances, alliées dans des proportions convenables, produisent les nuances moins foncées de pourpre, de lilas, de mauve, de gris de lin, de fleur de pêcher. Pour ces nuances, la principale précaution à avoir, est de ne pas mettre un excès de couleur bleue, et c'est ce qui fait que lorsqu'on veut leur donner du bleu d'indigo, il ne faut pas les passer sur une cuve, mais seulement sur une petite quantité de bain bleu étendu dans une grande quantité d'eau froide. Le mélange du bleu de cuve avec l'eau doit être fait avec soin, et l'on doit attendre qu'il ait perdu sa teinte verte avant d'y passer la soie. On voit par là que ce bain n'agit sensiblement que par l'alcali qu'il contient, ou que du moins l'indigo s'y comporte presque entièrement comme lorsque l'on l'emploie pour donner l'azur.

COULEURS COMPOSÉES PRODUITES SUR LA SOIE PAR LE MÉLANGE DU JAUNE ET DU BLEU.

Vert de bleu de cuve et de jaune de gaude.

On peut communiquer une couleur verte à la soie, à l'aide de plusieurs procédés que nous allons faire connaître successivement.

Cette couleur est du reste difficile à faire, parce que le bleu de cuve s'obtient rarement bien uni , et que les taches deviennent encore plus sensibles lorsque le jaune est associé au bleu. Pour faire les verts ordinaires de toute nuance , on donne à la soie un fort alunage, et ensuite on la travaille sur un bain de gaude, avec les précautions décrites pour la couleur jaune , et en ne lui laissant prendre qu'une nuance proportionnée à la nuance de vert qu'on veut obtenir. Après cela on la lave à fond à la rivière , et on la dispose de nouveau en matteaux avant que de la passer dans la cuve. C'est là qu'il faut redoubler de vigilance , manœuvrer habilement, saisir le moment où la nuance est assez montée , et déverdir dans l'eau comme pour le bleu. La moindre omission à cet égard serait suivie de la bigarrure de la couleur.

Pour les verts foncés , on peut se contenter de cuire la soie comme à l'ordinaire; mais pour les verts clairs , il faut la cuire comme pour le blanc. Si l'on voulait teindre sur cru, il faudrait choisir des soies naturellement très-blanches , et opérer du reste comme nous avons indiqué.

Lorsque l'on veut obtenir des verts plus foncés ou varier leur nuance, l'on ajoute quelquefois au bain de gaude de la décoction de fustet ou de brésil, et l'on y travaille ensuite la soie, dont la nuance se modifie, ce qui n'aurait pas lieu si l'on ne lui donnait le fustet ou le brésil qu'après son passage en cuve, parce qu'alors elle est complètement désalunée, et qu'elle ne peut plus recevoir que le noir qui prend sans mordant. Pour les couleurs claires, excepté pour le vert de mer, il est à propos de teindre en jaune dans des bains qui ont déjà servi et qui ne contiennent ni fustet, ni bois d'inde, parce que la soie prendrait une couleur trop foncée dans des bains neufs, et qu'elle n'aurait pas le temps de s'unir.

Vert anglais.

Comme il est très-difficile d'obtenir des couleurs unies en employant le bleu de cuve à chaud, on a imaginé de teindre la soie en bleu dans une dissolution d'indigo préparée avec une partie de cette substance, trois parties de chaux, autant de couperose et une partie et demie d'orpiment. L'indigo doit être broyé avec soin et introduit dans une cuve ou un baquet avec la chaux éteinte, la couperose dissoute et l'orpiment bien porphyrisé ; les matières doivent être ensuite mêlées plusieurs fois, et l'on peut teindre dès qu'on s'aperçoit que la cuve est couverte de fleurée, et que le bain devient successivement vert et bleu à l'air. La soie doit être imbibée d'eau tiède avant que d'être passée dans la cuve, et ensuite lavée et dégorgée à la rivière après sa teinture. La couleur bleue qu'on lui communique par ce procédé est très belle et très-vive, mais elle n'est jamais bien foncée ; et quand on veut ajouter à sa nuance, on doit l'aluner légèrement, et la travailler ensuite dans un bain particulier avec de la dissolution d'indigo par l'acide sulfurique et un peu de dissolution d'étain. Par ce moyen on peut obtenir des bleus foncés qui sont plus beaux que les bleus de cuve quoique moins solides, et qui l'emportent à tous égards sur les bleus de Saxe.

Lorsqu'on veut teindre la soie en vert, en faisant usage de cette espèce de bleu, qui a été appelée bleu anglais, on doit commencer par lui donner un bleu clair dans la cuve à froid, la laver après cela à chaud et à froid, la passer dans une légère dissolution d'alun et la travailler ensuite dans un bain préparé avec de la dissolution sulfurique d'indigo , un peu de dissolution d'étain et de la teinture de graine d'Avignon, extraite au moyen d'un acide végétal. La soie parvenue à la nuance que l'on désire, doit être lavée et séchée à l'ombre.

Différens verts obtenus par différens procédés.

On obtient sur la soie différentes nuances de vert-bouteille avec le produit de la gaude et du bois d'inde. A cet effet, on alune fortement la soie, et, après l'avoir lavée, on la travaille à tiède sur une décoction de gaude préparée, en faisant bouillir cette plante pendant quelques minutes. A ce premier bain en succède un autre avec le produit de la même gaude cuite de nouveau ; et quand la soie a atteint une nuance pleine et dorée , on lui donne du bois d'inde sur le même bain , jusqu'à ce que la nuance de vert-bouteille soit assez montée. Si le bois d'inde ne prenait pas assez facilement sur la soie, on ajouterait un peu d'alun dans le bain , et ensuite on passerait la couleur dans une dissolution de savon ou dans une vieille lessive alcaline. On pourrait éviter d'ajouter de l'alun au bain de gaude, en passant la soie sur de l'eau tiède avec du bois d'inde et du vert de gris.

Les verts canard se font de la même manière que les verts bouteille, seulement il leur faut un pied de jaune moins fort, et ils demandent un peu de couperose ou de bain de noir. Quant aux verts américains, ils ne sont que des diminutifs de ces derniers verts, et on les obtient en donnant à la soie un peu de gaude, un peu de bois d'inde et une très-petite quantité de couperose. Le vert *merde-d'oie* s'obtient avec un bleu léger sur la cuve à chaud ou à froid ; après quoi la soie lavée à l'eau chaude et degorgée est passée dans un bain de roucou.

Mélange du rouge et du jaune.

Les couleurs qui résultent de ce mélange se font ordinairement sur la soie avec des quantités variables de bois d'inde, de fustet et de brésil. Telles sont du moins les cannelles et les marrons, et autres nuances intermédiaires. Quant aux couleurs aurore, orange, coquelicot, on a déjà vu de quelle manière il fallait s'y prendre pour les obtenir.

La soie que l'on destine aux couleurs

cannelle et marron, doit être cuite à l'ordinaire, avec vingt pour cent de savon ; alunée ensuite et passée dans un bain de chaleur tempérée où l'on a mêlé de la décoction de chacun des bois dont nous venons de parler, dans les proportions jugées convenables pour donner un bon commencement de couleur. Ce bain épuisé, on relève la soie, et on la passe sur un second bain où l'on fait dominer les ingrédiens que l'on regarde comme nécessaires pour obtenir la nuance voulue.

Les mordorés s'obtiennent en donnant à la soie un pied aurore avec le roucou, après quoi on la lave et on l'alune ; on la lave de nouveau et on la travaille dans un bain de bonne chaleur, où l'on a fait entrer un peu de décoction de fustet et de bois d'inde. Si elle paraissait conserver un œil trop rougeâtre, on ajouterait un peu de dissolution de couperose qui ferait ressortir l'effet du bois d'Inde et du fustet. Si l'on voulait teindre des soies crues en cette nuance, il faudrait qu'elles fussent naturellement blanches, et on ne devrait les travailler sur le bain de roucou qu'à tiède ou à froid, sans quoi leur fermeté serait détruite par l'effet de l'alcali. Nous observerons que toutes les couleurs de roucou doivent être lavées avant que d'être passées à l'alun, parce qu'autrement elles déposeraient dans la tonne des particules colorantes qui pourraient tacher les soies qu'on y passerait à la suite.

Autres couleurs composées.

En alliant le jaune et le bleu à une petite quantité de rouge, on obtient différentes teintes olive. C'est ainsi qu'après la cuite ordinaire et l'alunage, les soies travaillées sur un fort bain de gaude, reçoivent une teinte olivâtre verte par l'addition du bain de bois d'inde que l'on fait tourner au bleu par un alcali. Cette teinte tirerait un peu au roux si l'on n'ajoutait pas d'alcali, et elle y tirerait davantage si l'on introduisait du fustet dans le même bain.

Les couleurs puce peuvent s'obtenir sur soie de bien des manières, mais la suivante produit les meilleurs résultats. A cet effet, on donne à la soie un très-fort pied de roucou, on la lave, on l'alune, on la lave encore et on la passe sur un bain de brésil, à la température du sang humain. Après cela on lui donne du bois d'inde sans la laver, et ce n'est que lorsqu'elle a atteint sa nuance, que l'on la lave pour terminer et qu'on la porte au séchoir. Il faut toujours laver la soie avec soin après l'alunage, parce que sans cela elle paraîtrait poudreuse après la teinture.

Pour les puces bruns on passe au roucou, on alune et on lave comme à l'ordinaire, mais on n'emploie pas de brésil, et on donne immédiatement du bois d'inde en assez grande quantité.

Le fustet est employé avec avantage pour toutes les couleurs à l'échantillon, et on l'associe aisément au bois d'inde, au bois de brésil et à la gaude, matières colorantes qui peuvent produire presque toutes les couleurs composées. Quelquefois on en fait usage pour des puces et des bruns; mais ces nuances ne sont jamais aussi bien nourries avec le fustet qu'avec le roucou.

Les mêmes matières colorantes que l'on emploie pour faire le puce, produisent encore des carmélites de toutes nuances. Ainsi l'on donne un pied de roucou sur quelque vieux bain, on alune, on lave, on passe sur le brésil et on ajoute un peu de bois d'inde, en travaillant à une douce chaleur. En général, il ne faut jamais exposer à une haute température les soies alunées, parce qu'elles abandonneraient la plus grande partie de leur alun, et

qu'elles se coloreraient ensuite difficile-
ment.

On fait encore sur soie des puces qu'on appelle *fins*, et pour lesquels on emploie la cochenille. A cet effet, on teint la soie en cramoisi ; seulement, au lieu de lui donner une once de noix de galles blanches par livre, on lui donne deux onces de noix de galle noires, et quand le cramoisi est fait on le monte au puce avec de la couperose sur de l'eau froide. La soie doit être lisée avec soin, sans quoi elle se vergetterait en prenant l'air inégalement ; on doit aussi n'ajouter la couperose que peu à peu, afin de parvenir plus sûrement à l'échantillon et d'avoir une nuance plus unie. La couleur finie, on lave et on fait sécher.

Teinture de la soie en noir.

Le noir peut s'obtenir sur la soie de bien des manières ; mais comme cette teinture ne laisse pas de présenter des difficultés pour être bien faite, nous entrerons dans d'assez grands détails à cet égard.

Pour communiquer à la soie un noir pesant, on prépare un bain avec une partie de noix de galle contre trois de soie, et, quand la noix de galle a bouilli deux heures, on prend le clair du bain, on y lise les soies et on les y tient ensuite plongées pendant six à huit heures ; après ce terme on les relève, on les tord, et on fait bouillir une seconde fois la noix de galle et le bain. Le mélange ayant bien bouilli, on en retire le clair, et on y travaille les soies comme la première fois. Au sortir de ce second engallage, on les plonge à chaud dans une chaudière où l'on a fait bouillir dans un vieux bain de noir un mélange de couperose, de fine limaille de fer et de gomme, et on les travaille dans ce bain jusqu'à ce qu'elles aient pris une nuance de noir foncé.

On obtient une autre nuance de noir en donnant à la soie un bon engallage, où l'on ajoute à la décoction de noix de galle, une forte décoction de bois d'inde et, lorsqu'elle paraît assez montée de cette manière, la travaillant dans une dissolution chaude de sulfate de cuivre et de fer, où l'on a mis une certaine quantité de gomme et de limaille de fer.

Si, au lieu de donner de la noix de galle en particulier à la soie, on se contentait de lui communiquer une couleur bleue avec le bois d'inde et le vert de gris, on pourrait également la teindre en noir, en la travaillant à une température moyenne dans une décoction de noix de galle et de sumac à laquelle on ajouterait par parties égales, une certaine proportion de couperose et de gomme. Au bout de deux heures, on éventerait et on sécherait. Alors on ferait une nouvelle addition de couperose et l'on donnerait à la soie une nouvelle immersion de deux heures à la même température de 40 à 50°. Après cela, l'on ajouterait encore un peu de couperose, et la soie éventée serait plongée pour la dernière fois dans le bain où on la tiendrait quatre ou cinq heures. Au sortir de là on la battrait avec soin, et on lui donnerait un bain de gaude pour l'adoucir.

M. Vitalis propose de substituer l'acétate de fer à la couperose. Il commence par donner un léger engallage à la soie, après quoi il la passe au bain ferrugineux qui marque environ 5° à l'aréomètre de Baumé, et où il la tient plongée pendant cinq ou six heures, un peu chaudement en lui donnant de temps en temps quelques évents. Ensuite il la fait sécher, lui donne un nouvel engallage, la replonge dans la dissolution ferrugineuse, et répète encore les mêmes opérations une ou deux fois ; il termine par un léger bain de savon tiède.

Ce procédé n'a été encore adopté nulle part, et ne nous paraît mériter la préférence sur aucun autre. Cependant peut-être l'on ferait bien, d'après le conseil de l'auteur, si l'on se contentait, en pratiquant le procédé exposé plus haut, de substituer l'acétate de fer à la couperose.

La soie crue prend plus facilement la couleur noire que la soie cuite; mais, comme le noir en est moins parfait, et que la raideur qu'elle conserverait rendrait les étoffes plus sujettes à s'user par le frottement, on est dans l'usage de ne teindre en noir que des soies qui ont reçu la cuite ordinaire de vingt pour cent de savon.

Teinture en différentes nuances de gris.

Tous les gris, excepté le gris de maure, se font sans alunage préalable, et on les obtient en composant le bain avec des quantités variables de fustet, de bois d'inde et d'orseille, à quoi on ajoute une bruniture à la couperose. La prédominance de l'orseille donne des gris qui tirent sur le rougeâtre, celle du fustet des gris verdâtres et roux; et enfin celle du bois d'inde des gris qui portent au noir.

En général on ne doit employer le bois

d'inde et la couperose qu'avec beaucoup de ménagement, parce qu'ils foncent trop la couleur, et noircissent trop. Aussi dans quelques circonstances, il vaut mieux faire usage de sumac ou d'écorce d'aune.

Les gris de fer s'obtiennent avec le bois d'inde seul et la couperose ; mais la nuance n'a de l'éclat que lorsque les soies ont été cuites comme pour le blanc. Elles doivent aussi avoir été dégorgées avec grand soin de leur savon.

On obtient les gris noisette, en mettant dans de l'eau modérément chaude, du bain d'orseille et de fustet et une petite quantité de décoction de bois d'inde. On travaille les soies sur ce bain, et lorsqu'elles paraissent suffisamment montées, on rabat la couleur par un peu de couperose. L'addition de la couperose doit être faite avec ménagement, partie par partie, et il vaut mieux travailler un peu longuement dans le bain, que de s'exposer à avoir des soies vergettées. Une trop grande quantité de couperose serait en outre nuisible, et la soie en deviendrait terne. On conçoit par là combien il est important d'agir avec discernement dans la teinture, et particulièrement pour les couleurs claires. Aussi les commençans qui se proposent de faire

une couleur, doivent n'employer d'abord
que des quantités de matière colorante in-
suffisantes ; il vaut mieux qu'ils arrivent à
la couleur par degrés que de s'exposer à produire tout d'un coup une couleur trop
foncée dont la teinte ne serait pas même
analogue à celle qu'ils cherchent.

Pour le gris de maure, on cuit et on
alune la soie, comme à l'ordinaire ; on lui
donne ensuite une teinte jaune dans un
bain de gaude, et, quand ce bain est tiré,
on y ajoute de la décoction de bois d'inde
et l'on y travaille la soie jusqu'à ce qu'elle
ait atteint la hauteur voulue. A ce point on
ajoute de la couperose et l'on donne la
bruniture nécessaire pour faire porter la
couleur au noir. On lave ensuite, et on
sèche comme à l'ordinaire.

TEINTURE DU COTON ET DU LIN.

Le coton, le lin et le chanvre sont des
substances végétales qui se teignent de la
même manière, et à l'aide des mêmes manipulations ; aussi ce que nous dirons de
l'une d'elles pourra s'entendre également
de toutes les autres ; et c'est une observa
tion que nous plaçons ici, afin de ne pas
être obligé de la répéter à chaque page

dans ce traité. Ces substances, avant que d'entrer en teinture, doivent recevoir différentes préparations qui ont pour objet de les dépouiller d'une matière particulière qui les colore, et de les rendre propres à se combiner avec les molécules colorantes. Ces préparations étant un préliminaire indispensable de la teinture, nous allons décrire successivement et avec soin celles qui concernent les fils de coton et de lin, après quoi nous exposerons avec ordre les principales opérations de teinture.

Décreusage du coton et du lin.

Pour disposer le coton à la teinture, il est nécessaire de le dépouiller, au moins en partie, de la couleur qui lui est naturelle, et qui varie depuis le blanc sale jusqu'au jaune rougeâtre. On y parvient à l'aide d'une opération nommée *décreusage*, dans laquelle on l'expose pendant plusieurs heures à l'action d'une lessive alcaline bouillante. Cette lessive se prépare avec de la soude caustique et marque environ un degré à l'aréomètre, et il n'en faut pas moins de douze parties contre une partie de coton. On connaît que le décreusage du coton est terminé, lorsque les matteaux s'enfoncent d'eux-mêmes dans la chaudière. On les retire alors, on les met égoutter sur un *bard*, on les lave en eau courante, on les tord bien, et on les fait sécher à l'air.

Le décreusage des fils de lin et de chanvre s'opère de la même manière à peu près que celui des fils de coton; seulement comme la matière colorante et résineuse dont ils sont enduits est plus tenace, il est à propos de les laisser macérer pendant quelques jours dans de l'eau tiède, afin de faciliter la dissolution de cette matière par un commencement de fermentation. Après cela, on les dégorge avec soin et on les traite par une lessive de soude caustique, marquant un degré et demi, qu'on fait suivre assez souvent d'une seconde lessive, mais à un degré seulement.

Engallage du coton et du lin.

On engalle le coton et le lin avec des quantités variables de noix de galle, suivant le genre de couleur ou l'intensité de la nuance qu'on veut obtenir; mais cependant la proportion ordinaire de cette substance roule du quart au cinquième du poids du sujet. On procède à cette opération, en faisant cuire la noix de

galle grossièrement concassée, dans douze
fois son poids d'eau, et lorsqu'elle est cuite
et qu'elle s'écrase facilement entre les
doigts, on coule la décoction à travers un
tamis de crin, qui ne sert que pour cet
usage, et on commence à y travailler le
coton, dès que la chaleur est assez tombée
pour que l'on puisse y tenir la main sans
se brûler. Le coton doit y être passé par
parties, de manière à être bien impregné ;
et on doit le lever, le tordre légèrement
et le rabattre plusieurs fois de suite;après
quoi on finit par le bien exprimer et le
faire sécher en plein air, si le temps est
sec, et sous un hangar, dans le cas contraire. Quelquefois on mêle de la décoction de sumac à celle de noix de galle,
mais du reste on travaille de la même manière ; dans tous les cas, on doit donner
l'engallage le plus chaud possible. Si l'on
engallait en deux fois, ce qui est souvent
à propos pour obtenir des couleurs mieux
nourries, on ferait sécher entre chaque
opération.

L'engallage est un mordant énergique
pour le coton et le lin, auxquels il communique la propriété de s'unir avec un grand
nombre de matières colorantes qui n'au-
raient pu s'y fixer sans cet intermédiaire.

On peut se faire une idée de son action et des modifications permanentes qu'il occasione, en songeant que les filets de pêcheurs, après avoir été bouillis avec du tan ou du sumac, ou, en d'autres termes, engallés, durent beaucoup plus que ceux qui n'ont pas subi cette opération, et qu'ils conservent jusqu'à la fin un caractère d'imputrescibilité particulier. L'énergie et l'étendue des effets produits sur le coton et le lin par l'engallage, le font considérer à juste titre comme une des opérations préliminaires de la teinture de ces substances, et comme un accompagnement presque nécessaire de l'alunage.

Alunage du coton et du lin.

Les proportions de l'alun sont variables comme celles de la noix de galle ; mais d'ordinaire on l'emploie à la même dose que cette substance avec laquelle il entre facilement en combinaison. La dissolution de l'alun doit se faire à une température moyenne, dans environ douze fois son poids d'eau. On le pulvérise afin de faciliter sa dissolution. Lorsqu'elle est faite et qu'elle est à la température du sang humain, on y travaille le coton comme dans la décoction de galle, et l'on sèche ensuite. Quelquefois cependant, on laisse le coton mouillé pendant plusieurs heures sur son alun ; quelquefois aussi on donne l'alun en deux fois, et alors on fait sécher entre chaque opération. Dans tous les cas, il faut donner l'alunage à tiède, parce que l'on s'exposerait à faire tomber une partie de l'engallage dans le bain d'alun. Les sujets à teindre qui ont été alunés et séchés, doivent être lavés avant que d'entrer en teinture.

Les couleurs vives et délicates demandent que l'alun soit très-pur ; mais on peut toujours lui substituer avec avantage l'acétate d'alumine que l'on emploie à 5 ou 6 degrés de l'aréomètre et au même degré de chaleur.

Teinture en bleu d'indigo.

Les fils et tissus de coton et de lin pourraient se teindre dans les cuves à chaud dont nous avons parlé en traitant de la teinture des laines, mais comme on a observé qu'ils prenaient une nuance plus terne à chaud qu'à froid, on a adopté l'usage de les teindre dans des cuves particulières, que l'on ne chauffe jamais, et où l'indigo est désoxidé par la couperose et dissous par la chaux. On monte ces cuves dans des tonnes de bois blanc ou dans des espèces de caisses en maçonnerie, revêtues en ciment, et dont la forme varie suivant qu'elles sont destinées à teindre du fil ou des toiles. Pour le fil, elles peuvent être rondes, et d'une profondeur proportionnée à la longueur des matteaux qui ne doivent jamais atteindre au dépôt qui se trouve au fond; mais pour les toiles, elles doivent être en carré long, de manière à recevoir facilement les cadres qui portent les toiles. Ces cadres, dont la hauteur peut être mise en rapport avec la largeur des toiles, sont garnies de petits crochets qui retiennent les toiles par les lisières, et on les introduit dans les cuves à l'aide d'une poulie qui permet de les y plonger et de les relever à volonté. Du reste on met ces cuves en état de travailler, en y délayant dans de l'eau froide ou mieux tiède, de quinze à trente livres de couperose bien verte, suivant la grandeur de la cuve ou la force qu'on veut lui donner, avec huit à quinze livres de bonne chaux fine éteinte à l'air, une pareille quantité d'indigo, et environ autant de

potasse et de soude, qu'on ajoute après.
On pallie bien, jusqu'à ce que le mélange
soit parfait; on réitère quelquefois la même
manœuvre, et d'ordinaire au bout de dix
à douze heures on peut teindre. On entretient cette cuve, en y ajoutant, suivant
le besoin, de l'indigo, de la couperose ou
de la chaux. Quelques teinturiers n'y
mettent de l'indigo qu'une fois, et comme
ils en ont plusieurs, ils disposent toujours
leur travail de manière à en avoir en même
temps de très-fortes, de moyennes et de
très-faibles. C'est dans ces dernières qu'ils
commencent à passer les pièces qu'ils des-
tinent au bleu foncé; de là ils les introduisent dans les moyennes, et ils les achèvent
dans les fortes. Deux immersions de huit
à dix minutes dans chacune de ces cuves
suffisent ordinairement pour produire les
nuances les plus foncées. Après la teinture,
et avant que d'être lavées, les pièces doivent être passées dans une eau acidulée
avec de l'acide sulfurique ou de l'acide hydrochlorique, où elles se débarrassent
d'une certaine quantité de chaux prise
dans le bain, et qui ternit leur nuance.

Le dosage des ingrédiens que l'on emploie pour monter ces cuves, est très-
variable, mais ici les différences sont peu

importantes. On peut, si l'on veut, ne pas ajouter d'alcali soluble, et diminuer ou augmenter à volonté la dose de la couperose ou de la chaux. Il faut seulement que cette dernière substance soit toujours en quantité suffisante, non-seulement pour neutraliser l'acide de la couperose, mais encore pour dissoudre l'indigo ; aussi, ne risque-t-on rien d'en mettre un léger excès proportionnel.

Le bain de cette cuve est jaunâtre comme celui des cuves au vouède, et les pièces en sortent de cette couleur ; mais elles verdissent et bleuissent promptement à l'air.

C'est ici le lieu de rappeler la composition d'une cuve dont nous avons déjà parlé ailleurs, mais qui convient spécialement au coton et au lin. On la prépare en faisant réagir ensemble à l'ébullition, ou même à froid, parties égales de chaux, d'indigo, de potasse et d'orpiment finement broyé. La dissolution de l'indigo désoxidé par l'arsenic ne tarde pas à s'effectuer, et la cuve est bientôt en état de teindre. Cette dissolution d'indigo est en usage pour imprimer ou peindre au pinceau, et quelquefois pour teindre les toiles. Le coton pourrait se teindre en bleu pâle dans la dissolution sulfurique de l'indigo rendue totalement neutre, mais cette teinture difficile et peu solide est à peu près sans usage.

Teinture en bleu de Prusse.

On teint le coton en bleu de Prusse de deux manières : dans l'une on superpose seulement le bleu de Prusse au coton, et dans l'autre, de beaucoup préférable, on produit le bleu de Prusse sur le coton même. Par le premier procédé, on délaye du bleu de Prusse dans quatre ou cinq parties d'acide hydrochlorique; on étend cette espèce de dissolution avec de l'eau chaude, et on y travaille le coton qui a reçu le mordant d'acétate d'alumine, et qui s'y charge d'une couleur bleue très-belle, mais qui ne résiste pas même au savon. Par l'autre procédé, la couleur est un peu plus solide, quoique toujours destructible par les alcalis. On l'obtient en passant le coton alternativement dans une dissolution acide de deuto-sulfate de fer, et dans une dissolution d'alcali caustique, et lorsqu'il a pris un fort pied de rouille, on le plonge dans une dissolution de prussiate alcalin acidulée par une certaine quantité d'acide sulfurique. En peu de temps, il y devient d'une belle couleur bleue. Si l'on employait de la couperose verte, au lieu de deuto-sulfate de fer, il serait à propos de mêler de l'acide nitrique à l'acide sulfurique, dans la dissolution du prussiate.

Teinture en bleu de bois d'Inde.

Le coton prend une couleur bleue peu solide, dans une décoction froide ou tiède de bois d'Inde, à laquelle on ajoute du sulfate de cuivre et du vert de gris. Cette couleur résiste un peu mieux lorsque le coton a été préalablement engallé; mais c'est toujours une mauvaise teinture.

TEINTURE DU COTON ET DU LIN EN ROUGE.

Rouge de garance.

On distingue deux espèces de rouge de garance sur le coton, le rouge commun et le rouge des *Indes* ou d'*Andrinople*. pour le rouge commun, qui est néanmoins un assez beau rouge, on engalle le coton avec le quart de son poids de noix de galle, et après cela on lui donne deux alunages successifs, soit avec de l'alun, soit mieux encore avec une dissolution d'acétate d'alumine marquant cinq à six degrés à l'aréomètre. Après l'alunage que l'on conduit comme il a été prescrit plus haut, on prépare un bain de garance avec trois parties de belle garance de Provence contre quatre de coton, et quand la garance est bien mêlée dans le bain et que la chaleur est à environ trente degrés, on commence à liser le coton, et l'on continue ce travail en élevant insensiblement la température, de manière à ce que la chaudière soit au bouillon au bout d'une heure. Alors on tient le coton plongé dans le bain et on l'y laisse pendant dix minutes; après cela on le retire, on le lave, et on prépare un nouveau bain semblable au premier, et où on le travaille de même. Au sortir de là, il ne reste plus qu'à le laver et à le faire bouillir dans une dissolution de savon pour l'aviner.

Le second rouge ou rouge d'Andrinople ou des Indes, a beaucoup plus d'éclat que celui dont nous venons de parler; mais il exige aussi des apprêts beaucoup plus nombreux. C'est, avec le bleu d'indigo, la couleur la plus inaltérable que puisse produire le teinturier.

Pour teindre le coton en rouge des Indes, on doit le travailler après le décreusage, dans un bain de *fiente de mouton*,
et lorsqu'il en a été bien imprégné, on le
tord légèrement, on le laisse humide dix
à douze heures sur une table, après quoi
on le porte à l'étendage, d'où on le retire
lorsqu'il est à peu près sec, pour achever
sa dessiccation dans une étuve chauffée à
60°. On prépare le bain de fiente pour
cent livres de coton, en faisant macérer
pendant quelques jours, vingt-cinq livres
de fiente dans une lessive de soude à huit
ou dix degrés de l'aréomètre; après quoi on
ajoute à ce mélange quatre ou cinq cents
litres de lessive moins forte, et cinq à six
livres d'huile d'olive bien grasse. C'est cette
composition rendue homogène autant que
que possible, qui sert à imprégner le coton, et comme cette opération a beaucoup d'influence sur la plénitude de la
couleur, on la répète souvent deux ou
trois fois, de même que l'opération des
bains blancs.

Les bains de fiente sont suivis de *bains
d'huile* ou *bains blancs* que l'on compose
en versant sur cinq à six livres d'huile,
environ cinquante litres de dissolution de
soude à un degré. Quand le mélange est

bien fait et qu'il se maintient très long-temps laiteux, on y passe le coton comme sur le bain de fiente, après quoi on le tord légèrement, on le laisse humide pendant plusieurs heures et on lui donne ce qu'on appelle les *sels*, c'est-à-dire, qu'on ajoute au reste des bains blancs, environ cent litres de dissolution de soude à 2 ou 3°, et qu'on y passe le coton comme sur les bains précédens.

Cette opération est suivie du *dégraissage* qui se fait en lavant le coton pendant cinq ou six heures dans une dissolution tiède de soude à un degré; après quoi on le lave avec précaution de manière à entraîner toute l'huile qui peut y rester adhérente, on le tord et on le fait sécher. Il doit être alors d'un beau blanc, et il est propre à recevoir l'engallage qui se fait comme nous avons indiqué plus haut. Après l'engallage vient l'alunage avec de l'alun très-pur, auquel on ajoute environ une once de soude par livre, afin de corriger son acidité et d'augmenter l'affinité relative de l'alumine pour le tissu. On n'oubliera pas qu'il faut sécher après l'engallage et après l'alunage, et ce séchage doit être conduit de manière que l'humidité ne s'amasse nulle part, sans quoi la couleur pourrait n'être pas unie. C'est une précaution qu'il ne faut jamais négliger toutes les fois que l'on sèche le coton dans ses apprêts. Quoi qu'il en soit, le coton doit toujours être lavé dans son alun avant d'être soumis à aucune nouvelle opération. Ce lavage s'exécute en le faisant tremper dans l'eau pendant quatre ou cinq heures, l'égouttant ensuite et passant deux ou trois fois chaque matteau dans une eau courante. On se rappelle que l'alunage peut se faire en deux fois de même que l'engallage et qu'il en résulte des couleurs mieux nourries.

Les opérations que nous venons de décrire sont suivies généralement dans toutes les teintures; mais, au terme où nous en sommes, quelques teinturiers procèdent immédiatement au garançage, et leur marche est appelée *marche en gris*, parce que le coton a alors une couleur grise, tandis que d'autres répètent toutes les opérations précédentes, à commencer aux bains blancs. La marche de ceux-ci est appelée *marche en jaune*, parce que le coton finit par acquérir cette couleur en subissant ces nouveaux apprêts. Cette dernière marche donne des couleurs plus vives et plus inaltérables; mais comme on n'apporte aucune modification aux opérations que nous avons décrites, et que l'on se contente de les répéter dans le même ordre, nous continuerons la description du procédé en reprenant au garançage où nous nous étions arrêtés.

Pour bien conduire cette opération, on ne travaille guère que cinquante ou vingt-cinq livres de coton à la fois; nous allons décrire ce qui se pratique pour vingt-cinq livres. On a une chaudière en forme de carré long, de la contenance de quatre cents litres environ, et dans laquelle on introduit vingt-cinq litres de sang de bœuf ou de mouton que l'on mêle bien avec l'eau; on ajoute ensuite, dans le bain d'eau tiède, cinquante livres de garance que l'on délaie avec soin, et aussitôt après on commence à travailler le coton, et l'on continue à le manœuvrer jusqu'à ce que le bain que l'on échauffe peu à peu ait été porté à l'ébullition, ce qui a lieu au bout d'une heure environ. Alors on plonge les matteaux dans le bain, et l'on soutient l'ébullition pendant le même temps à peu près. Au sortir de là, les matteaux sont égouttés, lavés et séchés. On pourrait teindre en deux bains, en employant la moitié de la garance chaque fois, et ce serait même préférable. La garance que l'on emploie est celle de Provence, mais l'on obtient de meilleurs effets en la mêlant avec celle de Smyrne ou de Chypre.

Le garançage est suivi de l'*avivage*, qui s'exécute, pour cent livres de coton, avec quatre à cinq livres d'huile grasse, six livres de savon blanc de Marseille et six cents litres de dissolution de soude à deux degrés. Ce mélange est introduit dans une chaudière couverte; et l'on y fait bouillir le coton jusqu'à ce qu'il ait perdu sa couleur sombre et que le rouge soit bien découvert. Il ne reste plus alors pour le terminer qu'à le soumettre à l'opération du *rosage*. A cet effet, on prépare une dissolution de quinze à vingt livres de savon blanc, suivant la force du rouge, et, quand cette dissolution est bouillante, on y ajoute, partie par partie, une livre et demie de sel d'étain, proto-hydrochlorate d'étain, qu'on a fait dissoudre avec de l'eau tiède et dix à douze onces d'acide nitrique. Le bain étant bien mêlé, on y plonge le coton et on le fait bouillir à petit feu comme dans l'avivage, jusqu'à ce qu'il ait pris tout l'éclat qu'il est susceptible d'avoir. On le lave alors étant encore chaud, et on le porte à l'étendage. Si le rosage ne paraissait pas suffisant, on pourrait en donner un autre en diminuant la proportion du savon.

Les opérations de la teinture en rouge des Indes sont si nombreuses, que l'on ne peut guère se rendre compte qu'approximativement des réactions qui ont lieu. D'abord le décreusage détruit l'enveloppe huileuse qui recouvre naturellement le coton ; et comme celle dont le chanvre et le lin sont recouverts est beaucoup moins attaquable, il s'ensuit que, pour obtenir un beau rouge sur ces substances, il faut pousser leur blanchîment assez loin. On ne peut trop dire quelle est la substance qui agit dans le bain de fiente ; mais comme il contient des sels ammoniacaux, de la bile et une matière grasse animale particulière, il est probable qu'il a pour effet de donner au coton une espèce de ressemblance avec les matières animales, et par là de le rendre plus propre à se combiner avec la noix de galle, l'alun et les matières colorantes. Les bains blancs dont on imprègne le coton nous semblent coopérer puissamment aux modifications que le coton éprouve dans sa substance. Quant au dégraissage, il entraîne tout ce qui n'est que superposé, sans altérer les effets déjà produits. On sait déjà quel rôle peuvent jouer la noix de galle et l'alun qui séparément ont tant d'affinité pour les tissus et les matières colorantes, et dont on augmente l'affinité réciproque en saturant l'excès d'acide de l'alun par un peu de soude. Dans l'avivage, l'alcali attaque la matière brune qui masque le rouge ; et, dans le rosage, il paraît que l'acide ajoute un peu de feu à la couleur, et que l'oxide métallique uni à l'huile lui communique un plus grand éclat.

On obtient un rouge enfumé, en traitant d'abord le coton comme nous venons de le dire pour la marche en gris, et en lui donnant après le garançage, un mordant d'acétate d'alumine à 6°. de l'aréomètre et à la température de 25 degrés centigrades. Après cela on le passe dans un bain de quercitron, et quand il a été lavé et séché, on l'avive au savon et à l'eau de soude.

Pour les couleurs rouge *cerise* et rouge *rose*, on peut suivre la même marche que pour le rouge ordinaire jusqu'à l'engallage, en ayant soin cependant de donner jusqu'à trois bains blancs. Quant à l'engallage, on le fait, pour cent livres de coton, avec la décoction de cinq livres de noix de galle et de vingt livres de sumac.

après quoi on alune avec trente-six livres d'alun très-pur. L'alunage est suivi d'un lavage soigné, et ensuite du garançage avec une livre à une livre et demie au plus de garance de Smyrne ou de Chypre par livre de coton. On avive ensuite en faisant bouillir le coton pendant six heures dans une lessive de soude à un degré et demi, dans laquelle on a fait dissoudre de huit à dix livres de savon blanc. Le rosage demande des soins particuliers : on l'opère en faisant bouillir le coton, pendant une demi-heure, dans cinq à six cents litres d'eau, où l'on a ajouté une livre et demie de sel d'étain et une livre d'acide sulfurique; après quoi on le lave et on le fait bouillir, pendant trois quarts d'heure, dans une dissolution de quinze ou seize livres de savon blanc. Le rouge rose demandant à être plus éclairci que le rouge cerise, on doit augmenter, pour cette nuance, la dose de l'acide sulfurique et du savon.

Rouge de cochenille.

La cochenille n'est presque jamais employée dans la teinture du coton ; nous dirons cependant qu'après un fort alunage tiède, où le coton reste dix ou douze

heures, on obtient dans un bain de cochenille une nuance cramoisie dont on relève le ton en passant le coton dans une
eau de chaux. Il faut observer, dans l'a-
lunage, d'ajouter une once de soude par
livre d'alun, et dans le cochenillage de
faire bouillir pendant un quart d'heure.

Rouge de carthame.

On obtient des rouges et des roses très-
beaux sur le coton avec le carthame. Le
coton doit avoir été au préalable bien
blanchi ; après cela on lui donne un pied de
roucou plus ou moins fort, on l'alune et
on le passe sur des bains de carthame en
opérant de la même manière que pour la
soie, jusqu'à ce qu'il ait pris la nuance que
l'on désire.

Rouge de brésil.

Le coton, decreusé, passé dans un bain
de roucou et ensuite engallé et aluné,
prend dans une décoction de brésil vieux-
cuit, une nuance écarlate d'un grand éclat.
En supprimant le pied de roucou, on aurait une autre nuance de rouge, que l'on
pourrait faire tourner au cramoisi par une

légère dissolution alcaline ; on aurait une couleur amaranthe, si, après avoir engallé le coton, on le passait sur un bain de tonne au noir jusqu'à ce qu'il devînt gris, et successivement dans un bain d'eau de chaux, et dans une dissolution d'étain très-étendue ; après cela on lui donnerait du bain de brésil, et, s'il n'en prenait pas assez, on le travaillerait tour à tour dans la dissolution d'étain et dans le bain de brésil jusqu'à nuance. Toutes les couleurs produites par le brésil n'ont aucune solidité, et ne résistent ni à l'air, ni aux réactifs.

TEINTURE DU COTON ET DU LIN EN JAUNE.

Jaune de gaude et autres.

La gaude communique au coton différentes nuances de jaune qui sont très-solides. Pour les jaunes foncés, on prépare une décoction de deux parties et demie de gaude contre une de coton ; on la divise en deux parties, et, après avoir travaillé le coton dans la première avec du vert de gris, on le passe dans la seconde à laquelle on a ajouté un peu de soude. Ces deux bains doivent être donnés le plus chaud possible. Il n'en serait pas de même si l'on alunait il faudrait alors travailler à une basse température. Pour le jaune pâle on n'emploie que la moitié de la gaude nécessaire pour le jaune foncé : du reste on alune, soit avec un huitième ou un sixième d'alun, soit avec l'acétate d'alumine, et on peut ne passer le coton que dans un bain. On avive avec une dissolution de savon bouillante après la teinture. Pour le jaune citron, on opère de la même manière, et on diminue seulement la quantité de gaude. Enfin, pour le jaune doré, on alune fortement avec l'acétate d'alumine, l'on passe dans différens bains de gaude auxquels on ajoute de la dissolution alcaline, ou un sel de cuivre.

Le bois jaune s'emploie de la même manière que la gaude, et produit aussi différentes nuances de jaune solide. Quant au curcuma, on peut en obtenir également tous les jaunes ; mais ses couleurs n'ont qu'un instant de durée.

Le quercitron ne le cède pas à la gaude pour la solidité des nuances qu'il produit. En ajoutant une once d'alun et une demi-once d'acétate de plomb par livre de coton dans sa décoction, le sujet qu'on y travaille prend des nuances plus ou moins foncées selon la quantité de matière colorante qu'on a employée. Le produit du quercitron est plus beau lorsqu'on ne fait pas bouillir sa décoction, que lorsqu'on la fait bouillir ; aussi se contente-t-on ordinairement de verser de l'eau chaude sur le quercitron moulu, et c'est dans cette liqueur, dont la température ne dépasse guère cinquante degrés, que l'on met l'alun et l'acétate de plomb et qu'on teint. Au lieu de mettre les mordans dans le bain, on pourrait aluner préalablement le coton avec l'acétate d'alumine, et on obtiendrait un effet semblable.

Le roucou peut servir à donner au coton les couleurs aurore et orange, et à modifier beaucoup de nuances ; mais, comme il se comporte avec le coton comme avec la soie, nous n'ajouterons rien à ce que nous en avons déjà dit en parlant de la teinture de cette substance.

Jaunes de rouille.

Les sels de fer sont d'un grand usage dans la teinture du coton, et on leur doit des nuances particulières très-solides, que l'on ne pourrait obtenir d'une autre manière avec le même degré de solidité. On se procure un jaune de rouille ordinaire en passant le coton bien abreuvé dans une dissolution récente de couperose marquant trois degrés , et ensuite dans une dissolution de potasse au même degré à peu près. Le coton , au sortir de cette dernière dissolution , quitte peu à peu la teinte verdâtre qu'il y avait prise, et devient jaune. Si la nuance ne paraissait pas assez foncée , on réitérerait les immersions dans le même ordre; et ensuite, si on voulait laisser au coton sa couleur jaune , on aviverait avec un bain de savon sans bouillir. Quelques teinturiers substituent souvent l'eau de chaux à la dissolution de potasse. Ils y passent le coton en premier lieu , et ensuite ils l'introduisent dans le bain de couperose , où il devient d'abord d'un vert très-sale qui se change bientôt en jaune au contact de l'air. Des immersions alternatives dans ces deux bains produisent des nuances aussi foncées que l'on veut. Si l'on croyait avoir porté trop haut la couleur , et qu'on voulût l'empêcher de remonter , on passerait l'étoffe dans une eau acidulée avec de l'acide sulfurique.

Pour obtenir des jaunes de rouille nankin , on prépare une dissolution de couperose , à raison d'une partie de sel contre six parties d'eau , et l'on y ajoute des quantités variables d'acétate de fer et de plomb. Ensuite on travaille le coton sur cette dissolution et sur l'eau de chaux, comme à l'ordinaire. Si cependant l'on ne trouvait pas encore au nankin un œil assez rouge, il faudrait ajouter à la dissolution de couperose une plus grande quantité d'acétate de fer, et un peu de trito-nitrate du même métal. Il faudrait aussi, si l'on passait sur une lessive de potasse, au lieu d'eau de chaux, que cette lessive fût très-légère, et qu'elle eût été rendue caustique. Du reste on peut se passer d'alcali, dès qu'on ajoute de l'acétate de fer. Les nankins auxquels on veut communiquer un œil un peu gris, peuvent être passés sur de l'eau tiède où l'on a mis quelques atomes de garance ; mais l'on parvient à un résultat plus satisfaisant en passant sur un vieux bain de carthame qui paraisse totalement épuisé.

On pourrait communiquer aussi une nuance nankin solide au coton en le faisant bouillir pendant une demi-heure avec la moitié environ de son poids de tan, et une très-petite quantité de garance. On aviverait ensuite dans une dissolution de savon non bouillante.

Pour obtenir une nuance jaune paille,

on alune légèrement le coton ; on le passe dans un bain d'acétate de fer à un degré, de là dans une légère dissolution de potasse, et l'on finit en le passant dans une dissolution chaude et très-légère de sulfate de cuivre.

Les jaunes de rouille ne sont pas seulement utiles comme couleurs dont on fait usage isolément ; on les emploie pour servir de pied à d'autres nuances. Ainsi un fort pied de rouille devient noisette dans une décoction de galle, tandis qu'un pied moins fort y devient gris de souris. Les mêmes nuances produisent différentes teintes olive dans la décoction de quercitron ; et dans un prussiate alcalin acidulé, elles produisent différentes teintes de bleu.

Jaune de chromate de plomb.

On peut obtenir de belles nuances de jaune sur le coton, avec le chromate de plomb, en suivant des procédés analogues à ceux que l'on met en pratique pour le bleu de prussiate de fer. Ainsi, l'on commence par travailler le coton dans une dissolution d'acétate de plomb, de là on le passe dans une dissolution de chromate neutre de potasse, où il prend une légère teinte de jaune par la formation du chromate de plomb dont il se recouvre ; on le fonce ensuite en répétant plus ou moins souvent les mêmes immersions.

MÉLANGE DU BLEU ET DU ROUGE.

Violet, lilas et paliacat bon teint.

On obtient avec la garance seule en variant les mordants, des nuances violettes depuis les plus claires aux plus foncées. A cet effet, on commence par donner au coton les mêmes apprêts que pour le rouge des Indes jusqu'à l'engallage inclusivement ; mais dans l'engallage on a soin de n'employer la noix de galle qu'au seizième ou au douzième du poids du coton. Le coton séché sur son engallage est introduit dans une dissolution métallique tirée à clair, où il entre, pour cent livres de coton, de trente à trente-six livres de couperose et de six à huit de sulfate de cuivre pulvérisés et dissous dans environ cent litres d'eau très-chaude. On le travaille avec soin dans cette dissolution et lorsqu'il en a été bien imprégné, on le lave, on le tord et on le plonge dans un bain de garance où l'on ne

néglige aucune des précautions déjà pres-
crites pour de pareils bains. La garance
est employée à raison d'une livre et demie
à sept quarts suivant la nuance qu'on veut
obtenir, et il est à propos de la donner en
deux bains.

Le coton au sortir du bain de garance
est avivé comme pour le rouge des Indes ;
seulement on emploie un peu plus de savon et on n'ajoute pas d'alcali, à moins que
l'on ne veuille découvrir beaucoup la couleur et la faire porter au rouge.

Avec le dosage que nous venons de pres-
crire, on obtient une nuance foncée ; mais
on obtiendrait aisément des nuances claires en diminuant la proportion des mordans et de la matière colorante. En ajoutant cinq à six livres d'alun à la dissolution
métallique dont nous avons parlé plus haut
on obtiendrait le violet d'évêque.

Pour les lilas, on ne donne pas de galle
et on se contente de passer le coton traité
par les apprêts huileux et dégraissé , dans
la dissolution métallique assez étendue
pour qu'elle ne marque plus que de deux
à quatre degrés à l'aréomètre. On teint
ensuite avec une livre et demie de garance et l'on donne deux avivages successifs au savon seul. Il est inutile d'observer

que les garances d'Orient sont préférables à toutes les autres pour ces nuances. On peut du reste les mêler avec une certaine quantité de garance de Provence. Pour obtenir les paliacats, il est nécessaire de multiplier les apprêts huileux et, après le dégraissage, d'engaller à raison du cinquième ou du sixième du poids du coton. Alors on passe dans la dissolution du mordant où il entre vingt-cinq à trente livres de couperose et dix à douze d'alun ; on garance à raison de deux livres de garance par livre de coton, et on avive avec huit ou dix livres de savon. On conçoit, qu'en variant les proportions de la dissolution métallique, il est facile d'obtenir des nuances qui tirent plus au rouge ou a brun.

Violet, lilas et paliacat petit teint.

On fait des violets sur coton avec le bois d'inde, en travaillant le coton dans une décoction de ce bois qu'on tient un peu chaude, et à laquelle on a ajouté une once d'alun par livre de coton. On travaille longuement ; on donne du bain de bois d'inde jusqu'à nuance. On fait sécher le coton ainsi teint sans le laver. Un peu de vert de gris, très-peu d'alun et une légère décoction de bois d'inde donnent des lilas.

On peut produire aussi des violets avec l'orseille sur le coton comme sur la soie ; mais lorsqu'on veut des violets foncés, on donne un pied sur la cuve à froid, et on finit sur l'orseille. Il faut sécher avec beaucoup de précaution.

Le coton engallé comme précédemment et passé ensuite dans une dissolution d'un vingtième d'alun et d'un dixième de couperose, prend une couleur paliacat, lorsqu'on le travaille dans une décoction de brésil et de bois d'inde.

MÉLANGE DU BLEU ET DU JAUNE, OU DU VERT.

Vert bon teint.

Nous n'avons rien de particulier à dire sur la composition de ce vert, si ce n'est qu'il faut d'abord teindre le coton en bleu, et qu'il vaut mieux se servir à cet effet de la cuve où le sulfure d'arsenic est employé pour désoxider l'indigo, que de la cuve à la couperose. En effet, le coton se charge dans celle-ci d'une certaine quantité de fer qui altère la nuance de jaune qu'on lui donne ensuite. Du reste, le coton piété en bleu et bien lavé, est traité par des quantités variables de gaude, selon la nuance qu'on veut obtenir.

Verts petit teint.

Avec une décoction de bois d'inde et un sel de cuivre, et ensuite une décoction de gaude et le même sel, on peut obtenir toutes les nuances de vert sur coton. Il est plus simple de mêler les deux décoctions et de ne faire qu'un bain lorsqu'on a acquis quelque expérience.

Le coton passé dans une infusion d'une partie et demie de sumac contre une de coton, prend une nuance *vert pistache :* pourvu qu'on le travaille ensuite dans une dissolution d'alun ou d'acétate d'alumine, cette couleur est très-solide. Enfin on obtient la nuance *vert américain,* en donnant au coton un peu de bois d'inde avec un peu de couperose, et passant ensuite dans un bain de gaude avec une petite quantité d'alun.

Mélange du rouge et du jaune.

Un ou plusieurs bains de rocou produ...

sent sur le coton une couleur aurore qu'il faut aviver avec de l'alun et du sel d'étain. Un bain de brésil et des bains de gaude produisent différentes nuances d'orangé, et on obtient un coquelicot en donnant un bon pied de roucou frais, engallant, alunant et donnant un bain de brésil vieux-cuit. Cette nuance a l'éclat de l'écarlate.

Le carthame peut être employé également à communiquer ces nuances au coton; mais comme le procédé est le même que pour la soie, il est inutile de le répéter ici. Nous observons seulement que le coton demande moitié moins de matière colorante pour les mêmes nuances.

Autres couleurs composées.

Pour obtenir la couleur olive sur coton, on engalle plus ou moins légèrement, et l'on passe dans une dissolution d'acétate de fer, jusqu'à ce que le coton soit devenu d'un gris ardoisé. On le travaille ensuite dans une décoction de gaude avec une petite quantité d'un sel de cuivre, et il y prend la couleur olive. Cette couleur serait éclaircie si l'on ajoutait au bain jaune un peu d'alun, et on la foncerait au contraire par l'addition d'un peu de bois d'inde ou de fustet.

Pour la couleur puce, on donne un fort pied de roucou au coton, on lave, on engalle et on alune un peu fort, après quoi on travaille sur un bain de bois d'inde modérément chaud, et quand on est parvenu à la nuance puce, on avive avec un bain de brésil.

On obtient la couleur carmélite en engallant, passant sur un bain de roucou, et donnant une bruniture à la couperose. On produit la couleur marron en engallant, passant successivement dans une dissolution de fer et de cuivre, donnant ensuite une forte nuance avec la gaude et le bois jaune, et terminant par un fort garançage. Après cela on passe dans une légère dissolution de cuivre et dans une eau de savon.

Pour le cannelle et le mordoré, on donne au coton de la gaude et un peu de vert-de-gris, on passe dans une dissolution de fer, on sèche, on engalle avec la noix de galle au huitième, on sèche de nouveau, on alune, on garance et on avive sur un bain de savon très-chaud.

Avec le mordant d'acétate d'alumine et d'acétate de fer, à parties égales, le coton prend une nuance mordorée dans un bain de garance. Cette nuance passe au puce si l'on fait dominer considérablement l'acétate fer, et elle passe à l'amaranthe si le même sel n'entre dans le mélange que pour un douzième.

Teinture en noir.

Pour teindre le coton en noir, M. Vitalis, aux travaux duquel la teinture des fils et cotons est très-redevable, prescrit de donner un bon engallage avec de la noix de galle, du sumac et du bois d'inde, de faire sécher, et de travailler ensuite le coton dans une forte dissolution d'acétate de fer, en ayant soin de donner quelques évents. Après cela on engalle de nouveau, on passe encore à l'acétate de fer, et l'on réitère ces opérations jusqu'à trois fois. Le coton finit par devenir d'un beau noir, et, après qu'on l'a lavé et séché, on le passe pour lui donner du brillant dans un bain huileux composé avec de l'huile d'olive très-grasse et assez d'eau de soude à un degré, pour produire une émulsion laiteuse. Il ne reste plus qu'à le tordre, le faire sécher, le laver et le sécher de nouveau.

En donnant au coton un pied de rouille

très-foncé dans une dissolution de sulfate
et d'acétate de fer, sans passer à l'alcali, le
lavant avec soin, et le travaillant à l'é-
bullition sur un bain composé d'une partie
de garance, d'une demi-partie de bois
d'inde, et d'un quart de noix de galle,
et réitérant les mêmes opérations jusqu'à
deux fois, on obtient un noir très-solide,
auquel on donne du lustre par une émulsion huileuse. Avec le même pied de
rouille et un bain de bois d'inde seul avec
du vert-de-gris, on aurait obtenu également une couleur noire, mais peu solide.

Enfin on obtient aussi du noir sur coton, en faisant macérer le sujet à teindre
pendant dix ou douze heures dans une
dissolution très-étendue de nitrate de
plomb, le lavant, l'imprégnant d'une dissolution de colle animale, le faisant sécher,
lui donnant un engallage à l'ébullition, où
l'on ajoute après un moment autant de
sel qu'on a mis de noix de galle, le lavant,
le séchant, le passant à tiède dans une
dissolution de couperose et de fer, le lavant et le séchant de nouveau, et lui donnant un bain de bois d'inde à l'ébullition.
Après cela on le travaille encore à l'ébulli
tion dans un bain de noir composé avec
de la noix de galle, de la couperose et de

la colle-forte ; on le laisse refroidir dans la chaudière, on le lave et on le fait sécher à l'ombre.

Teinture en gris.

On obtient toutes les nuances de gris sur coton avec des proportions variables de bois jaune, de garance, de bois d'inde, de noix de galle, de sumac ou d'écorce d'aune. Il est rare qu'on emploie d'autres substances, quoique le roucou, le carthame et l'orseille pussent servir à obtenir plus facilement presque toutes les nuances de gris, mais ces nuances seraient alors trop fugaces. Les gris très-foncés, comme le gris de maure, le gris ardoise, le gris de plomb et le gris de fer, doivent recevoir, pour être solides, une petite teinture préalable de bleu de cuve ; mais cependant l'on peut les obtenir sans cela. Le gris de maure avec un bain de gaude, un bain de bois d'inde et du vert-de-gris ; le gris ardoise avec une dissolution de sulfate de fer et de cuivre à parties égales, et ensuite un bain de bois d'inde donné avec précaution ; et le gris de fer et le gris de plomb avec une dissolution semblable, et ensuite du sumac, du bois d'inde et de la garance en proportions variables dans un second bain.

Pour le gris de souris, on engalle et ensuite on travaille jusqu'à nuancé dans une dissolution très-légère d'alun et de couperose.

Pour le gris américain, on donne du bois jaune, de la noix de galle et une très-petite quantité d'alun sur le même bain; et quand la couleur est montée, on ajoute un peu de bain de bois d'inde et de couperose.

IMPRESSION DES TOILES.

L'art de l'impression des tissus de coton étant une des branches les plus importantes de la teinture, nous avons jugé à propos de l'envisager à part, et nous pensons que ses procédés considérés isolément ressortiront mieux et seront compris avec moins de peine. Nous allons commencer par un détail succinct des opérations qui sont un préliminaire indispensable de ce genre de teinture.

Blanchîment des toiles destinées à l'impression.

Les toiles que l'on destine à l'impression, doivent être blanchies avec des soins particuliers, pour que la teinture réussisse parfaitement. Une lessive caustique bouillante ne suffirait pas ; il faut que les fibres filamenteuses de la substance qui les compose soient complètement mises à nu, et qu'elles ne conservent aucune matière étrangère combinée ou superposée. Sans cela, elles se comporteraient d'une manière désavantageuse dans les bains de teinture, et les fonds destinés à rester au blanc se tacheraient par une quantité plus ou moins grande de couleur fixée.

Le blanchîment des toiles de chanvre et de lin est beaucoup plus long que celui des toiles de coton, parce que leur matière colorante est plus tenace et plus abondante ; mais comme ces toiles ne sont jamais destinées à l'impression, nous ne décrirons pas les procédés relatifs à leur blanchîment, et l'on pourra juger seulement de quelle manière on le devrait opérer, en voyant ce qui se pratique pour les tissus de coton.

Ces tissus, qu'on nomme communément

calicots, sont introduits d'abord dans des
cuves avec de l'eau tiède et on les y laisse
jusqu'à ce que la fermentation qui s'y établit soit parvenue à un certain terme. On
les retire alors, on les dégorge dans un
courant d'eau et on les coule pendant plusieurs heures avec de l'eau chaude que l'on
fait bouillir sur la fin. La fermentation
dont nous venons de parler, a pour objet
principal de dépouiller les toiles de la colle
du tisserand qu'on nomme *parou*; mais
elle produit un autre effet non moins re-
marquable, qui influe d'une manière di-
recte sur le blanchîment. Le parou, par
suite de la fermentation, se trouve dissous,
et, ses principes réagissant l'un sur l'autre,
il se produit de l'acide acétique à la forma
tion duquel les matières colorantes de la
toile semblent concourir par leur hydro-
gène, car elles perdent en partie leur couleur et elles deviennent plus solubles dans
les alcalis. Cette fermentation est surtout
un préliminaire important pour le blanchîment des toiles de lin, et quelquefois il devient avantageux à leur égard, de l'activer
par un peu de bière; mais pour le coton,
dont la matière colorante est plus huileuse
que résineuse, il suffit souvent de le faire
macérer dans de l'eau froide pendant quel-

ques jours. Si l'on l'exposait à une fermentation un peu vive, il faudrait la surveiller attentivement et l'arrêter avant qu'elle ne devînt menaçante.

Les toiles, après avoir été coulées à l'eau chaude, sont traitées par une lessive caustique dans laquelle l'alcali est employé au quarantième de leur poids. Cette lessive est coulée pendant sept heures, dont les quatre dernières en bouillant.

Les toiles, au sortir du lessivage, sont portées à la rivière où on les bat vivement pour les dégorger, soit avec des battoirs sur des planches, soit à l'aide de différentes machines qu'il n'est pas de notre objet de décrire ici. Après cela on leur donne une immersion dans de l'eau froide acidulée par un cent vingt-cinquième de son poids d'acide sulfurique. Cette immersion dure une heure, et on a soin que toutes les parties des toiles soient recouvertes par le liquide, sans quoi celles qui resteraient exposés à l'air seraient infailliblement altérées. Les toiles ayant été lavées après l'acide, on leur donne une seconde lessive avec un cinquantième de leur poids d'alcali caustique, et l'on coule cette lessive pendant six heures, dont trois en bouillant; on les lave ensuite, et on les plonge pendant six heures dans une dissolution de chlorure de chaux à deux degrés, c'est-à-dire capable de décolorer deux parties d'une dissolution sulfurique d'indigo contenant un millième de cette substance. Cette immersion est suivie d'un lavage et d'un lessivage où l'alcali est employé au cinquantième du poids des toiles, et qui se conduit de la même manière que le précédent; après cela vient une nouvelle immersion dans le chlorure à un degré et demi, et un dernier lessivage avec l'alcali au soixante-quinzième du poids des toiles. A ce lessivage succède une dernière immersion dans le chlorure à un degré, et une immersion de douze heures dans l'acide sulfurique affaibli comme la première fois; il est inutile d'ajouter que toutes ces opérations successives doivent être séparées par de bons lavages.

Si l'on se proposait de blanchir des toiles dont la chaîne serait en lin, on devrait leur donner deux ou trois lessivages de plus et un pareil nombre d'immersions dans le chlorure, et en outre les exposer quatre ou cinq jours sur le pré, après chaque lessivage. Les toiles composées uniquement de lin ou de chanvre demanderaient des opérations encore plus nombreuses avant que d'être parfaitement blanches. Du reste la manière de procéder serait la même. Nous observerons que quelles que soient les toiles que l'on blanchisse, il se rencontre quelquefois certaines parties qui résistent davantage aux lessives, et que l'on doit attaquer avec du savon noir, en les travaillant à la main.

Le procédé que nous venons de décrire suffit pour communiquer aux calicots un blanc éclatant, surtout si on les expose pendant quelques jours sur le pré, avant et après le dernier lessivage. Cette exposition est d'autant plus utile qu'elle permet de donner moins d'immersions dans le chlorure, ce qui est un avantage sous le rapport de l'économie, et peut-être sous tous les autres rapports, car le chlorure de chaux abandonne toujours une certaine quantité de sa base aux tissus, et cette base se combinant à l'acide sulfurique, se comporte comme un mordant, et réagit sur les couleurs délicates. On évite cet inconvénient produit par la chaux, de plusieurs manières. Quelques fabricans substituent l'acide hydrochlorique à l'acide sulfurique, et provoquent par là la formation d'un sel très-soluble, qui ne s'attache pas aux tissus: d'autres font bouillir les tissus déjà blanchis avec du sous-carbonate de soude, et par ce moyen convertissent le sulfate de chaux en carbonate qu'ils enlèvent avec de l'acide hydrochlorique très-étendu d'eau ; et d'autres enfin passent les toiles à la température d'environ quarante degrés, dans une chaudière de plomb où ils ont mis une partie d'acide sulfurique contre soixante parties d'eau. Le sulfate se dissout à la faveur de l'excès d'acide, et les pièces, après avoir été tournées rapidement sur le bain pendant un quart d'heure, sont tordues et dégorgées à la rivière, de manière à ce qu'elles ne conservent aucune trace d'acide. Ce dernier lavage est de la plus grande importance, car si les pièces conservaient un peu d'acide, elles tomberaient en lambeaux en se séchant.

En décrivant les pratiques du blanchîment, nous avons omis l'opération du *roussissage*, dont le but est de détruire, en le brûlant, l'espèce de duvet qui se trouve sur les calicots, et qui nuirait à la netteté de l'impression, si on le laissait subsister. Cette opération s'exécute sur les toiles sèches, après qu'elles ont été dépouillées de leur parou. On y procède en faisant passer les toiles rapidement sur un demi-cylindre en fer chauffé au rouge blanc. Le métal brûle leur duvet sans les endommager en aucune sorte. On conçoit qu'elles ne doivent qu'à la vitesse du mouvement qu'on leur communique, de ne pas être attaquées elles-mêmes.

Lorsque les toiles ont subi toutes les opérations du blanchîment, on est dans l'usage de les calandrer ou les cylindrer avant que de les livrer à l'impression, parce qu'alors elles donnent moins de peine à l'imprimeur, et que la planche s'y applique partout plus également. On cylindre les toiles en les faisant passer entre deux cylindres dont l'un est en cuivre et contient des gueuses de fer échauffées qui entretiennent sa température à environ quatre-vingts degrés, tandis que l'autre est en disques de papier serrés fortement avec des écrous. La toile qui passe entre ces cylindres s'applatit plus ou moins, suivant qu'ils sont plus ou moins pressés l'un contre l'autre. Quant au calandrage, il se pratique en enroulant des toiles sur deux cylindres auxquels on superpose une forte planche chargée de poids; on communique ensuite un mouvement de va-et-vient à cette planche, et les toiles s'assouplissent et prennent un grain plus fin par l'effet de la pression et du frottement.

Préparation des mordans pour l'impression des toiles.

Les mordans dont on fait le plus grand usage dans l'impression des toiles sont les acétates de fer et de plomb, et les hydrochlorates d'étain, qui sont des sels dont la base a une affinité très-grande pour les tissus, parce qu'elle se trouve faiblement retenue par l'acide avec lequel elle est combinée. Ces mordans ne s'appliquent pas par des procédés semblables à ceux que nous avons vu pratiquer jusqu'à ce moment, et d'après lesquels on plongeait le sujet à teindre dans le mordant en dissolution; au contraire on épaissit leur dissolution, et on les porte, dans cet état, sur le sujet avec lequel ils se combinent lentement par le seul effet d'une dessiccation bien conduite.

Les substances employées communément pour épaissir les mordans sont l'amidon et la gomme que l'on emploie en proportion convenable, de manière à ne donner au mordant ni trop ni trop peu de consistance. Un mordant trop épais forme une croûte trop tôt desséchée, qui ne permet pas au sujet de se pénétrer, et l'on n'obtient qu'une couleur mal nourrie ; un mordant trop fluide, au contraire, déborde le dessein et produit des teintes confuses. Il importe donc de garder un juste milieu, de ne laisser dans le mordant ni nœuds, ni grumeaux ; de le maintenir toujours également consistant, de ne le sécher qu'avec une certaine lenteur, pour que sa combinaison avec le sujet ait le temps de s'opérer, et de finir en poussant cette dessiccation à un haut degré, pour que la réaction puisse être complète.

Les mordans étant incolores par eux-mêmes, on leur donne toujours une petite teinte rose au moyen du bois de Brésil, afin de pouvoir les distinguer sur la toile. Cette coloration s'effectue en mettant un centième environ de ce bois moulu dans l'eau chaude qui doit être employée à la dissolution du mordant. Voici du reste comment on procède à la composition des divers mordans, en commençant par ceux qui servent à fixer la couleur rouge.

Mordans pour rouge.

250 litres d'eau bouillante.
150 livres d'alun purifié.
50 livres d'acétate de plomb (sel de
    Saturne.
6 livres de potasse ou de soude.
6 livres de craie.
3 livres de bois de brésil.

L'eau bouillante colorée avec le bois de brésil est versée dans une cuve de bois d'une capacité presque double, sur l'alun pulvérisé qui y a été déjà introduit. On pallie bien, et lorsque l'alun est dissous, on ajoute l'acétate de plomb réduit en poudre, en brassant continuellement le mélange. Quelque temps après, lorsque l'on juge que la décomposition des sels est opérée, on ajoute par petites portions la potasse et puis la craie, en continuant de bien agiter. Au bout d'une demi-heure environ, on laisse le dépôt se former, et c'est la liqueur rosée qui surnage qui sert de mordant. Cette liqueur, qui porte le nom de mordant de premier rouge, doit être épaissie avant que d'être employée, et d'ordinaire on l'épaissit à l'amidon. A cet effet, on en prend une partie dans aquelle on délaie parfaitement de l'amidon pulvérisé, et quand le mélange est bien fait on y ajoute le reste de la liqueur. Alors on porte le tout sur le feu en remuant avec soin, et on l'y laisse jusqu'à ce que l'amidon soit cuit et que le mélange soit bien homogène. Ordinairement quatre à six onces d'amidon suffisent pour épaissir un litre de mordant. Ce mordant convient aux rouges foncés.

Pour préparer un mordant de rouge plus clair que celui dont nous venons de parler, il faudra prendre trois litres de la liqueur de rouge foncé, et l'épaissir avec la dissolution de deux livres et demie de gomme dans un litre d'eau. Ce mordant portera le nom de *second rouge*. Enfin on obtiendra un *troisième rouge* encore plus clair que le précédent, en épaississant deux litres de la liqueur du mordant avec la dissolution de cinq livres de gomme dans six litres d'eau. Les mêmes mordans peuvent être affaiblis dans d'autres proportions, de manière à produire toutes les nuances possibles du rouge foncé au rouge clair. Ils conviennent également pour le jaune pur, et on s'en sert pour obtenir toutes les nuances de cette couleur avec la gaude, le bois jaune et le quercitron.

Mordans pour noir.

On obtient un mordant pour noir avec douze litres d'acétate de fer à 30°, et quatre onces de couperose verte. On fait dissoudre la couperose dans la liqueur, on tire à clair, et l'on épaissit sur le feu avec quatre livres d'amidon.

On prépare un autre mordant pour noir, avec huit parties du même acétate de fer que l'on épaissit sur le feu avec environ deux parties et demie de fleur de farine. Ce mordant est passé à travers un tamis ou un linge avant que d'être employé.

On obtiendrait encore un mordant pour noir avec quinze litres d'acétate de fer, six onces de sel, deux onces de couperose calcinée au rouge, et autant de sulfate de cuivre et de tartre. Ces divers mordans donnent du noir dans les bains de garance.

Mordans pour violets.

Avec vingt litres d'acétate de fer, toujours de 28 à 30°, cinq onces de sulfate de cuivre, dix onces de sel marin, et dix litres d'eau, on obtiendra un violet foncé qu'on pourra épaissir avec de la gomme en poudre à raison d'une livre par litre.

On obtiendra un violet plus clair avec trois parties du mordant ci-dessus, qu'on mêlera avec une partie d'eau, et qu'on épaissira avec deux parties de gomme.

Enfin on obtiendra un violet plus clair encore, en mêlant deux parties du premier mordant avec trois parties d'eau, et épaississant avec deux parties et demie de gomme.

En variant les proportions du sulfate de cuivre, relativement aux proportions de l'acétate de fer, ajoutant du nitrate de potasse, et augmentant et diminuant la quantité d'eau, on obtiendrait des violets d'un autre ton que l'on pourrait foncer ou éclaircir à volonté. C'est dans des bains de garance que ces divers mordans produisent toutes les différentes nuances de violet.

De la combinaison dans les proportions variables, des mordans pour rouge, pour violet et pour noir, résultent toutes les différentes nuances imaginables sur les seuls bains de garance, de gaude ou de quercitron. Mais ce sont surtout les bains de garance qui se prêtent aux tons les plus opposés, et rien n'est plus étonnant que de voir une étoffe imprégnée de divers mordans, se teindre à la fois dans un seul bain de garance, en noir, en violet, en rose et en mordoré. Quoique l'expérience puisse seule bien apprendre dans quelle proportion il faut allier les divers mordans pour obtenir sur les bains de garance, de gaude ou de quercitron, toutes les nuances qu'ils peuvent produire, nous allons donner néanmoins la composition du mordant approprié à quelques-unes de ces nuances, et ce point de départ pourra servir utilement au commençant pour le diriger dans ses recherches.

On obtient un mordant pour café sur bain de garance, avec dix parties litres d'acétate de fer, deux de mordans de premier rouge, et quatre d'eau ; on épaissit avec de l'amidon.

Trois parties de mordant du premier rouge et une d'acétate de fer, produisent la teinte puce ou carmélite.

Une partie de mordant du premier rouge, et un quart de partie d'acétate de fer, produisent un brun foncé. Si l'on n'employait l'acétate de fer qu'au douzième on obtiendrait un rouge brun.

Avec deux parties de mordant de violet,

une de mordant de rouge et un quart de
couperose que l'on fait dissoudre dans le
mélange de ces mordans, on obtient des
nuances marron, plus ou moins foncées
selon la force des mordans de rouge et de
violet.

Le mordoré peut se produire par le mélange de deux parties de mordant pour
violet, avec une de mordant pour rouge.

Le lilas foncé par celui de deux parties
égales de mordant de violet et de mordant de deuxième rouge ; et le lilas clair
par l'addition d'une ou deux parties de
mordant de deuxième rouge dans le mordant de lilas foncé.

On obtient la couleur musc par le mélange d'une partie de mordant pour rouge
avec trois parties de mordant pour noir ; et
la couleur incarnat, par celui de dix parties de mordant pour rouge et une partie
de mordant pour noir. Enfin, on obtient
la couleur olive avec les différens mordans
de violet sur un bain de gaude ; et la couleur réséda en gaudant sur le mordant
destiné au puce.

Nous n'avons donné la composition que
de trois mordans de rouge de différentes
nuances ; mais l'on peut varier singulièrement le ton de la couleur rouge en variant

la composition du mordant. Ainsi l'on peut remplacer l'eau bouillante destinée à faire dissoudre l'alun, par une dissolution de soude marquant deux degrés, et ajouter en outre au mordant de deux à trois livres de sel ammoniac, de l'arséniate ou du nitrate de potasse et du sublimé corrosif (composition du deutoxide de mercure avec le chlore) ; mais ces divers dosages sont peut-être moins utiles que spécieux, parce que les teintes de rouge qu'ils peuvent produire sont de nature à pouvoir être obtenues très-facilement lorsque l'on a acquis quelque expérience.

Lorsque les mordans ont été appliqués sur les toiles, on procède au séchage que l'on exécute dans des étuves où on expose les toiles à une douce chaleur, et où on finit par les élever à la température d'environ quarante degrés. En outre lorsqu'elles ont reçu quelque sel ferrugineux pour mordant, on est dans l'usage de les laisser pendant quelques jours exposées à l'air. Dans tous les cas, après qu'elles ont été séchées complétement, on les débarrasse de tout le mordant excédant avant de les teindre. A cet effet, on les porte à la rivière, on les y laisse tremper pendant quelques heures, et on les dégorge ensuite vivement entre des cylindres et au moyen de battoirs. Au sortir de là, comme elles conservent souvent, malgré ce lavage, quelque trace de mordant superposé, on les introduit dans une chaudière avec une quantité de bouse de vache suffisante pour verdir le bain, et on les y manœuvre pendant une demi-heure à une température voisine de l'ébullition. Cette opération paraît produire plusieurs bons effets; car, outre qu'elle détache le mordant non combiné , elle agit sur le mordant combiné et l'étoffe, et donne à cette combinaison un nouveau caractère, d'où il résulte que les couleurs ont plus de solidité et d'éclat Quoi qu'il en soit , les pièces , au sortir du bousage , sont portées de nouveau à la rivière et rincées. C'est dans cet état que l'on les passe au bain de garance.

Garançage des toiles.

Le garançage est l'opération la plus importante et la plus délicate de l'impression des tissus. On l'exécute en introduisant les pièces attachées les unes aux autres par les deux coins de chaque extrémité , dans une chaudière remplie d'eau tiède bien propre, où l'on a mêlé des quantités variables de

garance selon le besoin. Ces pièces sont ma-
nœuvrées continuellement à l'aide d'un mou-
linet qui sert à les faire tourner, et sur
lequel on les tient au large. Pendant ce
temps, on élève insensiblement la température, de manière à parvenir à l'ébullition
au bout d'une heure ou deux, et l'on maintient le bain pendant quelques minutes à
ce degré, à moins que l'on ne s'aperçoive
que les couleurs se brunissent. On les relève ensuite, en les enroulant sur le mou-
linet et on les lave avant qu'elles ne soient
refroidies, parce que sans cela elles pourraient se tacher, et les couleurs elles-mêmes
seraient sujettes à s'affaiblir.

Les accidens nombreux qui peuvent ré-
sulter de l'ébullition dans le garançage, ont
déterminé plusieurs fabricans à ne pas élever la température du bain au-dessus de
quatre-vingts degrés centigrades, et cette
précaution ne saurait être trop recomman-
dée pour les impressions de grand prix, où
l'on tient à avoir des couleurs très-vives.
Du reste, lorsque l'on a adopté cet usage,
il faut tenir les toiles dans le bain beaucoup plus long-temps et les y laisser environ deux heures après avoir atteint le
degré que l'on ne veut pas dépasser. On
conçoit que de telles précautions seraient

superflues, s'il s'agissait de couleurs obtenues avec les mordans ferrugineux.

Les proportions de garance sont communément d'une livre et demie par pièce lorsque le fond est blanc, et de trois livres lorsqu'il doit être rouge ou noir. Cependant, l'on conçoit que si ce dernier dosage ne varie que relativement à l'intensité de la nuance qu'on veut obtenir, il n'en est pas de même du premier, qui est subordonné, non-seulement à l'intensité de la nuance, mais encore au plus ou moins d'étendue de l'espace qui a été recouvert par le mordant. Du reste, il faut employer constamment de la garance de première qualité; sans cela, aucun espoir de succès.

Les toiles à fond blanc ne reçoivent ordinairement qu'un bain, mais on est dans l'usage d'en donner deux aux toiles qui sont à fond de couleur. Le premier se donne à raison d'une livre par pièce, et l'on relève dès que le bain est à soixante degrés, et que la couleur paraît déjà très-distincte; le second se donne avec une quantité de garance à peu près double et on le conduit comme le premier, seulement on en élève davantage la température et l'on termine par une légère ébullition. Entre le premier et le second garançage, les pièces doivent avoir été portées à la rivière et bien dégorgées. Nous observerons que les pièces dont il s'agit, ont au plus dix aunes.

Dans quelques fabriques, le nombre des garançages est subordonné au nombre de nuances que l'on veut obtenir sur la même toile; dans d'autres on se contente de deux bains, le premier après avoir imprimé les mordans de premier rouge et de noir, et le second après avoir réimprimé les mordans de rouge plus clair et de violet. Quelques fabricans ne font qu'un seul garançage, et, en le conduisant avec habileté, ils obtiennent de la sorte toutes les nuances.

Après le garançage, les toiles sont rincées à la rivière, mais ce lavage ne suffit pas pour découvrir les fonds blancs et leur rendre tout leur éclat; il faut de longues manipulations pour cela : généralement on les fait bouiller longuement dans un bain d'eau pure auquel on a ajouté un sachet de son, et on les expose pendant plusieurs jours sur le pré où l'on a soin de les arroser; on les passe aussi dans un bain de bouse de vache, et l'on réitère ces opérations jusqu'à ce que les fonds se soient éclaircis; d'autres fois on commence par les exposer sur le pré, on les fume, c'est-à-dire on les passe avec de la bouse, on les expose de

nouveau sur le pré, et on les introduit ensuite dans une dissolution de chlorure très-
étendue, en réitérant les mêmes opérations
s'il en est besoin : de cette manière, le dégarançage est plus tôt fait, mais il paraît que
les couleurs s'en ressentent. Dans tous les
cas, si l'on voulait employer un chlorure,
il faudrait préférer celui de magnésie à tout
autre, parce que sa base n'exerce aucune
action sur les couleurs.

Nous ne dirons rien de particulier sur
les bains de gaude et de quercitron, parce
que la plupart des observations que nous
avons déjà faites peuvent se rapporter à
ces bains. Nous ajouterons seulement qu'il
faut éviter de passer soixante-dix degrés,
en travaillant sur les bains de quercitron,
parce que la chaleur les brunit et qu'il faut
manœuvrer rapidement les pièces sur les
bains de gaude, parce que la couleur monte
très-vite.

Couleurs d'application.

Dans tout ce que nous avons dit jusqu'ici, il n'a été question que de couleurs
communiquées à l'étoffe dans un bain de
teinture, après l'impression préalable du
mordant : nous allons parler maintenant

d'un autre mode de teinture, d'après lequel on porte tout à la fois sur l'étoffe, le mordant et la couleur.

Bleu d'application.

On prépare une dissolution concentrée d'indigo par le sulfure d'arsenic et un alcali caustique, et lorsqu'elle est bien jaune, on l'épaissit à raison d'une demi-livre de gomme ou de quatre onces d'amidon par litre de bain. On l'emploie sans aucun délai, et on la conserve autant que possible à l'abri du contact de l'air. Dès qu'elle n'est plus jaune ou au moins très-verte, on ne doit plus en faire usage; mais l'on peut lui rendre ses qualités avec du sulfure d'arsenic et un alcali. La couleur bleue qu'on obtient de cette manière est très-solide; il n'en est pas de même de celle qu'on obtient avec le bleu de Prusse délayé avec de l'acide hydrochlorique, et épaissi en consistance convenable. Cette dernière couleur ne résiste ni aux alcalis, ni même au savon.

Rouge d'application.

Une vieille décoction d'une partie de brésil dans huit parties d'eau, réduite à moitié par l'évaporation, incorporée à assez de mordant de rouge pour prendre une belle teinte, et épaissie ensuite convenablement, donne une couleur d'application qui est très-belle, mais qui n'a pas de solidité.

Jaunes d'application

On obtient un jaune d'application très-solide en faisant chauffer à une douce chaleur six ou sept livres de quercitron dans dix litres d'eau, filtrant la liqueur, la réduisant à moitié par une lente évaporation, l'épaississant avec quatre livres de gomme et y ajoutant de la dissolution d'étain, en remuant avec soin le mélange. Cette dissolution d'étain doit contenir beaucoup de métal. On peut y ajouter un peu d'acétate de plomb, laisser déposer et employer le clair surnageant.

Le plus économique et le plus inaltérable des jaunes est celui que l'on obtient avec l'acétate de fer que l'on épaissit à la gomme ou à l'amidon, et que l'on étend

plus ou moins, selon les nuances qu'on
veut obtenir. On applique aussi un jaune
de chromate de plomb que l'on prépare
avec trois parties de nitrate de plomb,
quatre de chromate de potasse et deux
d'acide tartrique. Le tout est porphyrisé
ensemble et incorporé avec une forte solution de gomme.

Noirs d'application.

On obtient un assez beau noir d'application, en mêlant de l'acétate de fer et un
peu de sulfate de cuivre dans une forte
décoction de noix de galle, et en épaississant avec de l'amidon ajouté peu à peu
quand la nuance paraît bien foncée. On
remet ensuite le tout sur le feu pour cuire
l'amidon, et on passe au tamis.

On obtient une autre nuance de noir
plus agréable, en préparant une forte décoction avec du bois d'inde, de la noix de
galle et du sumac, ajoutant de l'acétate
de fer en quantité suffisante et un peu de
sulfate de cuivre et de sel ammoniac, et
épaississant comme pour le noir précédent,

Couleurs composées d'application.

On obtient un violet d'application avec une forte décoction de bois d'inde et de l'alun. On épaissit à l'ordinaire. La décoction plus étendue donne des lilas.

On obtient le vert d'application par le mélange d'une décoction de gaude avec une décoction de bois d'inde et du vert-de-gris. Les nuances que l'on obtient dépendent des proportions que l'on suit dans ce mélange.

On obtient un olive d'application en ajoutant au jaune de quercitron décrit plus haut, un mélange de sulfate et de nitrate de fer très-acide. Une moindre dose des mêmes sels avec le même jaune, produirait les jaunes verdâtres, les merde-d'oie, etc.

Avec du bain de roucou et de l'alun en dissolution, convenablement épaissis, on obtient un aurore d'application qui a de l'éclat, mais qui ne présente pas de solidité. Il n'en est pas de même du cannelle produit par la décoction de quercitron, à laquelle on ajoute une dissolution de deux parties de bismuth et une d'étain, dans seize parties d'acide nitrique un peu affaibli. Cette dissolution doit être employée récente. Nous ne nous étendrons pas davantage sur les couleurs d'application, parce que leur composition est très-facile, et qu'avec le bois de brésil, le bois d'inde, la gaude, le quercitron, et les divers bleus, on peut obtenir les nuances les plus variées. Du reste, on a pu remarquer que la plupart de ces couleurs n'étaient pas solides. Celles qui le sont peuvent être employées quelquefois sur les étoffes bon teint, mais les autres ne le sont que sur les étoffes petit teint, dont les couleurs sont toutes d'application.

PROCÉDÉS D'EXÉCUTION RELATIFS A L'IMPRESSION.

Après les détails dans lesquels nous venons d'entrer sur la préparation des mordans, les divers bains et les couleurs d'application, il ne sera pas hors de propos de montrer comment on procède, pour donner successivement aux tissus des couleurs que l'on ne pourrait leur communiquer dans le même bain.

On dit des indiennes qu'elles sont à *une*, *deux*, *trois*, *quatre* ou *cinq mains*, etc., selon le nombre de fois qu'elles passent entre les mains de l'imprimeur.

Une indienne teinte en violet ou en rouge sur fond blanc, est une indienne à une main. En effet, l'imprimeur lui donne le mordant convenable, et puis il ne s'en occupe plus. On la garance ensuite, et on avive les fonds blancs, etc.

Une indienne imprimée en noir sur fond jaune est encore une indienne à une main, parce que le bain de mordant de jaune, et le gaudage, ne concernent pas l'imprimeur, et que sa seule besogne est d'imprimer un noir d'application sur un fond jaune.

Une indienne imprimée en rouge et bleu sur fond blanc est une indienne à deux mains, parce que l'imprimeur a dû d'abord imprimer le mordant de rouge, qu'après le garançage il a dû encore imprimer un bleu d'application.

Une indienne qui porte deux nuances olive et une nuance jaune sur un fond blanc, est une indienne à trois mains, parce qu'il a fallu imprimer successivement le mordant des deux nuances olive et celui du jaune. Du reste, ces trois nuances se communiquent ensuite au sujet, dans un bain unique de gaude ou de quercitron.

Une indienne qui porte du noir, deux nuances de rouge et du jaune sur un fond blanc, est une indienne à quatre mains, parce qu'il a fallu imprimer successivement le mordant de noir, les mordans de rouge, et, après le garançage, le jaune d'application.

La même indienne serait à cinq mains, si on joignait du bleu au noir, aux nuances de rouge et au jaune, parce qu'après l'impression des mordans de noir et de rouge, le garançage et le jaune d'application, il faudrait encore imprimer du bleu.

Une indienne qui porte deux nuances d'olive, du noir, deux nuances de rouge et du jaune sur un fond blanc, est une indienne à six mains. On opère en imprimant successivement les mordans de noir et les deux de rouge; on garance ensuite, et on imprime encore successivement les mordans d'olive et celui de jaune, après quoi on gaude.

On voit par ces exemples comment on procède à la teinture des toiles imprimées chargées de dessins différemment colorés. Ce que nous avons dit ne concerne que des étoffes bon teint, c'est-à-dire, à l'égard desquelles nous avons supposé que l'on ne suivait que les procédés qui donnent les nuances les plus solides. Aussi l'on voit combien les opérations se multiplient pour ces étoffes, et quels frais de main-d'œuvre et quelle lenteur de travail elles entraînent nécessairement lorsqu'elles reçoivent cinq ou six nuances. Mais il est très-rare aujourd'hui que l'on communique tant de couleurs à la même étoffe, et l'on se borne communément à deux ou trois. Pour les étoffes de petit teint, le travail est beaucoup plus prompt et plus facile. Elles ne reçoivent généralement que des couleurs d'application, et elles n'ont pas besoin de subir les opérations longues et difficiles relatives au dégarançage des fonds.

L'impression des toiles offre tant de circonstances minutieuses relativement à la pratique, que nous ne pouvons en donner ici qu'une idée, sans prétendre suppléer à l'expérience. Voici en peu de mots de quelle manière on procède à l'impression. On commence par fixer la toile sur une table solide de bois ou de pierre, parfaitement dressée et recouverte de deux tapis de drap bien tendus. C'est dans cette position qu'on l'imprime, en portant successivement sur toute sa longueur, la planche chargée de mordant ou de couleur. On conçoit que la table n'étant pas aussi longue que la pièce d'étoffe, il est nécessaire d'amener tour à tour, toutes les parties de celle-ci sur la table, et c'est ce que l'on appelle *tabler*.

Il serait difficile à l'imprimeur de charger bien également sa planche de mordant ou de couleur, s'il n'avait pas auprès de lui un appareil exprès pour cela. Or, voici en quoi consiste cet appareil : on a un baquet de dimension suffisante, dont les bords ont environ six pouces de haut et dans l'intérieur duquel on met une espèce de bouillie faite avec de l'huile et de la farine de graine de lin, et délayée en consistance convenable. Ce mélange est appelé *fausse couleur*, et on l'emploie pour avoir une surface toujours souple et bien dressée. Sur ce mélange on pose un châssis en forme de tamis, mais dont le fond est de toile cirée, et dans ce châssis, on en établit un autre semblable, qui porte spécialement le nom de tamis, et dont le fond est en drap. C'est sur ce fond que l'on étend la couleur avec une brosse, et que l'imprimeur vient poser sa planche pour la charger. Lorsqu'il a fait, il porte la planche sur la toile et la frappe d'un ou plusieurs coups de maillet plus ou moins forts, selon le besoin, après quoi il continue de porter alternativement sa planche sur le tamis et sur la toile jusqu'à ce que toute l'impression soit finie.

Lorsqu'il n'y a qu'une seule couleur à imprimer, la besogne paraît assez simple ; mais lorsqu'il y en a un assez grand nombre, l'opération se complique singulièrement. Il faut alors avoir d'autres planches gravées sur les mêmes dessins que la planche d'impression, mais de manière à ne porter les nouveaux mordans que sur les places réservées à cet effet. Ces planches sont nommées planches de *rentrure* ; et l'on dit des couleurs qu'elles servent à appliquer, qu'elles sont *rentrées* dans la première impression. On conçoit que pour le rentrage des mordans, il faut non-seulement que les planches aient entre elles des rapports exacts ; mais encore que l'on apporte le plus grand soin à les placer précisément à l'endroit où la couleur qu'elles sont destinées à produire, doit être appliquée.

L'usage des planches a été remplacé généralement par des cylindres de métal qui portent la gravure et qui impriment les étoffes dans toute leur longueur sans s'arrêter. Ces étoffes ont un mouvement progressif en rapport avec le mouvement du cylindre contre lequel elles sont pressées convenablement, et le cylindre se charge lui-même de mordant pendant sa révolution. Le mordant superflu est enlevé par une lame métallique qui affleure le cylindre dans sa longueur.

Les cylindres ne sont guère employés que pour les étoffes qui ne portent qu'une couleur, et qu'on nomme *camayeux*; cependant il y a quelques fabricans qui ont plusieurs cylindres correspondans, marchant par un même appareil, et disposés de manière à imprimer en une seule opération des étoffes à plusieurs mains. Les avantages des cylindres sont de la plus grande importance, surtout pour l'impression des camayeux, et l'on obtient par leur secours, en quelques minutes, ce que l'on n'obtenait auparavant qu'en plusieurs heures, et avec moins de perfection.

Nous venons de voir qu'on pouvait imprimer en même temps plusieurs couleurs avec des cylindres disposés à cet effet; mais quand on imprime à la planche, on est obligé de laisser s'écouler un certain temps entre l'application de chaque mordant, pour que l'étoffe ne passe à une seconde opération, que lorsqu'elle est parfaitement sèche.

Lorsqu'on veut imprimer des toiles par *réserve*, il faut préparer un mélange particulier qui, imprimé sur la toile, puisse l'empêcher de se combiner avec la couleur dans le bain de teinture. On n'imprime guère en réserve que des toiles destinées à une teinture bleue, parce que, cette teinture se faisant à froid, la réserve est moins facilement attaquée.

Pour imprimer des réserves blanches sur des toiles que l'on veut passer en cuve, on prépare la réserve avec six parties de sulfate de cuivre, trois d'acétate de la même base, quatre de gomme et trente d'eau, et l'on épaissit ensuite avec seize parties de terre à pipe délayée dans trois parties d'eau. On mêle bien et on broie avec soin cette composition avant que de l'employer; quelquefois on ajoute un peu d'alun aux substances, mais cette addition est tout-à-fait superflue.

La réserve s'imprime comme les mordans, avec la planche, seulement on presse un peu moins. Elle a pour effet, dans les dissolutions d'indigo, d'empêcher la combinaison de cette substance, à cause de l'oxide de cuivre qui abandonne de l'oxigène à l'indigo au point de contact, le précipite de sa dissolution et le met hors d'état de se combiner. Cette propriété des sels de cuivre est souvent mise à profit, tant pour imprimer des réserves blanches sur une toile qui n'a pas encore passé en cuve que pour imprimer des réserves bleu clair sur une toile destinée au bleu foncé. Si la base des sels de cuivre était combinée avec les tissus et qu'il n'y eût aucun intermédiaire entre cette base et le bain, les effets produits seraient différens, et l'indigo se combinerait en plus grande quantité qu'il ne l'aurait fait dans une même immersion. C'est ainsi que la laine bouillie avec un sel de cuivre monte plus vite sur une cuve de bleu; et il en est de même à l'égard du coton que l'on a combiné avec l'oxide du même métal. Mais dans l'impression des tissus où l'on veut obtenir des effets opposés, on ne combine pas le sel de cuivre avec le tissu, au contraire on l'incorpore dans une pâte, de telle sorte que le bain le rencontre avant que d'arriver à la toile, et qu'il perde par cela seul la propriété de la colorer. Voici, du reste, comment on s'y prend pour les différentes réserves.

En imprimant la réserve sur un fond

blanc avant de passer en cuve, on obtient un dessin blanc sur un fond bleu plus ou moins foncé. Les pièces, fixées sur leur cadre, doivent être plongées au sortir de la cuve dans une eau acidulée avec un quarantième d'acide sulfurique, et ensuite portées à la rivière où on les laisse tremper jusqu'à ce que toute la réserve soit emportée.

Lorsque l'on veut avoir sur la même étoffe du bleu, du bleu clair et du bleu foncé, on commence par imprimer la réserve sur le blanc, ensuite on passe en cuve pour obtenir le bleu clair, on sèche à demi, on imprime la réserve sur le bleu clair, et l'on travaille sur une cuve très-forte. Après cela on avive à l'acide sulfurique et l'on lave comme à l'ordinaire. Si l'on voulait transformer une partie du blanc en jaune et une partie du bleu clair en vert, on imprimerait un mordant de jaune sur ces parties, et ensuite on passerait au bain de gaude ou de quercitron. On aurait de cette manière sur la même étoffe du jaune, du vert, du bleu clair et du bleu foncé.

Il se fait aussi des réserves sur la soie par des procédés analogues, seulement la réserve se compose avec la résine et du suif fondus ensemble. Du reste, on applique cette composition avec la planche, et les parties réservées restent blanches tandis que le fond se colore en bleu. On imprime souvent des foulards de cette manière ; dans ce cas, lorsque les foulards sont sans envers, l'impression de la réserve a lieu des deux côtés avec des planches qui se correspondent parfaitement. Des planches semblables servent à imprimer également d'autres nuances, et les mouchoirs qui les reçoivent n'ont point d'envers.

On pourrait obtenir du bleu, du rouge et du blanc, en imprimant outre la réserve blanche, un mordant de rouge épaissi à la terre à pipe, et suffisant pour protéger l'étoffe contre le bleu pendant une ou deux immersions. Lorsque le bleu serait à la nuance voulue, on laverait et on passerait au bain de garance.

Nous avons vu que le bain d'une cuve au sulfure d'arsenic et à la potasse, pouvait être employé comme bleu d'application, après avoir été convenablement épaissi ; mais il y a encore un autre moyen d'obtenir du bleu pour l'impression. Ce moyen est fondé sur la propriété qu'a l'indigo de se dissoudre dans les alcalis lorsqu'il a été préalablement désoxigéné. En conséquence on incorpore ensemble parties égales de couperose et d'indigo de manière à ce que ce mélange ait la consistance de l'huile ; on l'épaissit ensuite avec une quantité suffisante de gomme, et on l'imprime sur le tissu. Ce tissu est alors porté successivement dans deux cuves contenant, l'une de l'eau de chaux claire qui surnage une grande quantité de chaux, et l'autre une dissolution saturée de couperose. On le passe dans chacune de ces cuves deux ou trois fois, en le laissant un quart d'heure chaque fois dans la première, et une demi-heure dans la seconde, après quoi, au sortir de la dernière immersion dans la dissolution de couperose, on le plonge pendant une heure dans une dissolution de potasse caustique. Alors l'indigo, successivement désoxidé et dissous, s'est combiné avec le tissu, et il ne reste qu'à aviver la couleur au moyen d'un bain d'acide sulfurique affaibli. Le bleu que l'on obtient de cette manière est appelé *bleu anglais*, ou *bleu faïencé*.

Dans l'opération que nous venons de décrire, la partie blanche des toiles acquiert une couleur ferrugineuse foncée qu'on ne peut enlever qu'en travaillant les toiles dans une chaudière de plomb qui contient de l'eau acidulée un peu tiède, et où on les laisse jusqu'à ce que le blanc soit bien découvert. Après cela on dégorge vivement, et on expose pendant plusieurs jours sur le pré.

Ce genre d'impression nécessite quelques précautions sans lesquelles il serait difficile de réussir. Chaque fois que l'on passe dans une cuve, il faut la pailler; il faut renouveler de temps en temps la cuve à la chaux, et tous les jours y en ajouter quelques livres de nouvelle; il faut donner un petit mouvement aux cadres qui portent les toiles durant l'immersion, et enfin il faut avoir disposé un petit échantillon pour examiner la hauteur du bleu avant que de terminer l'opération. Si le bleu ne paraissait pas assez monté, on donnerait une nouvelle immersion dans la cuve à la couperose et dans la cuve à la potasse.

Il est un autre moyen d'obtenir des réserves sur des fonds de couleur, et ce moyen consiste, soit à détruire partiellement le mordant, après sa combinaison avec le tissu; soit à détruire ou à modifier la couleur elle-même lorsqu'elle est produite. Supposons, par exemple, que l'on ait passé l'étoffe en mordant de noir : lorsque ce mordant sera parfaitement sec, on imprimera par dessus un mordant rongeant préparé avec de l'acide nitrique ou de l'acide oxalique, et convenablement épaissi ; après quoi on séchera, on lavera et on passera au garançage; partout où le mordant aura été détruit, la couleur ne prendra pas, et l'on aura un dessin blanc sur fond noir. Il faudra du reste dégarancer et exposer sur le pré comme à l'ordinaire.

On suivrait un procédé exactement semblable pour se procurer un dessin blanc sur un fond violet, rouge, carmélite ou puce, puisqu'il suffirait de passer en mordant de l'une de ces couleurs, d'imprimer le mordant rongeant et de garancer. On obtiendrait de même un dessin blanc sur olive ; seulement, au lieu de passer au bain de garance, il faudrait passer sur un bain de quercitron ou de gaude.

En imprimant des rongeans sur couleur, on peut obtenir des dessins de teintes très-variées. C'est ainsi qu'en imprimant un mordant de dissolution d'étain sur un fond noir produit avec le bois d'inde, on convertit toutes les parties noires qui en sont atteintes, en cramoisi très-brillant. C'est ainsi encore qu'on produit des dessins d'un beau vert sur les toiles, en les teignant d'abord en bleu clair, les passant dans un bain de sumac et de couperose et ensuite dans un bain de quercitron et d'alun, et finissant par l'application du mordant de dissolution d'étain qui change en beau vert toutes les parties qui en sont atteintes. Enfin on obtiendrait un dessin jaune sur olive, en imprimant le même mordant sur un olive de quercitron.

En réunissant l'action des rongeans sur mordant et des rongeans sur couleur, on obtiendrait des effets beaucoup plus étendus encore et plus variés. Ainsi l'on pourrait réunir, par exemple, des dessins jaunes et blancs sur un fond olive, en passant au mordant d'olive, imprimant un rongeant sur mordant, passant au bain de gaude ou de quercitron, et finissant par imprimer un rongeant sur couleur qui rétablirait la couleur jaune. Le même fond olive pourrait porter des dessins en rouge vif et en rouge terne, et en outre en blanc, en jaune et en noir, et il suffirait pour cela d'imprimer un mordant de rouge, de garance, de passer au mordant d'olive, d'imprimer un rongeant sur ce mordant, de gauder, d'imprimer un rongeant de couleur sur l'olive, et ensuite un noir d'application et de laver.

Les dessins blancs sur calicots teints en

rouge des Indes , peuvent s'obtenir en imprimant avec un mélange composé d'une partie d'acide sulfurique et six d'eau , et suffisamment épaissi avec de la gomme , et passant ensuite dans une très-forte dissolution de chlorure de chaux. Le chlore dégagé par l'acide sulfurique détruit la couleur dans tous les endroits où cet acide se trouve appliqué.

Quelquefois on imprime sur les toiles une réserve particulière qu'on nomme *rongeante* , et ensuite divers mordans, après quoi on les passe en cuve et on les garance. Il résulte de là une grande variété de nuances sur un fond bleu, et l'on a donné aux toiles ainsi travaillées le nom de *lapis* , parce que les dessins reposent ordinairement sur un fond couleur de *saphir* ou de *lapis lazuli*. Du reste on fait aujourd'hui des lapis à fond de toute couleur.

La réserve rongeante que l'on applique sur ces tissus se compose avec de la graisse de porc et de la résine fondues ensemble , à quoi on ajoute du sur-arseniate de potasse et un peu de sublimé corrosif réduit en poudre , et ensuite une quantité d'huile de térébenthine suffisante pour délayer convenablement le mélange. Ce mélange est rendu parfaitement homogène, et on l'emploie ensuite pour imprimer.

Supposons maintenant que l'on veuille obtenir à la fois sur une étoffe, du blanc, du rouge, du noir, du bleu, du vert et du jaune.

On commencera par imprimer la réserve rongeante sur tous les endroits destinés au blanc ou au jaune. Après cela on imprimera successivement les mordans de rouge et de noir épaissis à la terre à pipe, et l'on donnera deux légères immersions en forte cuve. Au sortir de là, on portera les toiles à la rivière, on les lavera parfaitement et on les passera à la bouse et au son, et ensuite au bain de garance. Les toiles auront alors un fond bleu, un dessin rouge et un dessin noir, et un espace blanc égal en étendue à celui que la réserve rongeante avait couvert. Cet espace blanc étant bien nettoyé, on appliquera sur quelques-unes de ses parties de même que sur une partie du bleu, le mordant de jaune et ensuite on passera sur un bain de gaude ou de quercitron. Il se produira par cette dernière opération du vert et du jaune, et les étoffes présenteront ces deux nuances unies au rouge, au noir et au blanc, sur un fond bleu.

Nous ne nous étendrons pas davantage sur les procédés relatifs à l'impression des toiles, parce que nous ne pourrions jamais suppléer à l'expérience, et que nous pensons n'avoir rien omis d'important relativement à la théorie. Du reste il serait aussi long et aussi pénible, et beaucoup moins sûr d'apprendre dans un livre par quel dosage d'ingrédiens on peut obtenir toutes les nuances, et par quelles précautions minutieuses on peut exécuter tous les procédés, que de l'apprendre par l'expérience, lorsque l'on s'est formé déjà une idée nette des opérations, et que l'on connaît les caractères chimiques des matériaux dont on fait usage. Obligé de nous renfermer dans un cadre étroit, nous n'avons pu qu'exposer les principaux points d'un art dont les détails n'ont aucune borne; mais nous l'avons fait dans l'ordre le plus naturel et où ils se prêtent le plus grand jour, et nous espérons, à l'aide de cette méthode, que tout lecteur pourra puiser dans notre ouvrage des connaissances saines et bien ordonnées.

TABLE.

FIN DE LA TABLE.